人工电磁结构天线理论与设计

曹文权 著

东南大学出版社
SOUTHEAST UNIVERSITY PRESS
·南京·

内 容 简 介

本书介绍了新型人工电磁结构天线的理论与设计。书中根据新型人工电磁结构的理论研究和特性分析，分别研究并设计了基于人工电磁结构的多频多模多极化天线、基于人工电磁结构的宽带天线、基于人工电磁结构的高增益天线、基于人工电磁结构的宽波束天线以及基于人工电磁结构的波束扫描天线。

本书适用于从事天线技术、雷达技术、新材料技术、无线通信技术的工程师或其他从事相关方面研究的科研人员阅读，同时也可以作为电磁场与微波技术领域大学教师的参考书和研究生的辅助教材。

图书在版编目(CIP)数据

人工电磁结构天线理论与设计 / 曹文权著. —南京：东南大学出版社，2019.4(2024.1 重印)
ISBN 978-7-5641-7834-5

Ⅰ.①人… Ⅱ.①曹… Ⅲ.①电磁场－介质－应用－天线－设计 Ⅳ.①TN82

中国版本图书馆 CIP 数据核字(2019)第 033310 号

人工电磁结构天线理论与设计

Rengong Dianci Jiegou Tianxian Lilun Yu Sheji

著　　者	曹文权
出版发行	东南大学出版社
社　　址	南京市四牌楼 2 号　邮编：210096
出 版 人	江建中
责任编辑	姜晓乐(joy_supe@126.com)
网　　址	http://www.seupress.com
经　　销	全国各地新华书店
印　　刷	广东虎彩云印刷有限公司
版 印 次	2024 年 1 月第 1 版第 3 次印刷
开　　本	700 mm×1 000 mm　1/16
印　　张	12.25
字　　数	238 千
书　　号	ISBN 978-7-5641-7834-5
定　　价	58.00 元

本社图书若有印装质量问题，请直接与营销部联系。电话(传真)：025-83791830

前　言

随着无线通信、卫星通信和导航、雷达系统与军事电子对抗设备的迅速发展，通信系统对天线性能提出了更高的要求。尤其是基于印刷平板工艺的天线小型化、一体化、多频带、多功能以及波束控制技术已经日益成为天线领域的研究热点，传统技术已经很难满足越来越苛刻的性能指标。目前，新型人工电磁结构凭借其特有的电磁属性，成为物理、材料和电磁领域的研究前沿和热点。将人工电磁结构作为系统的一部分加载到天线中，将大大改善天线的近远场特性。本书从新型人工电磁结构的新颖电磁特性出发，重点介绍人工电磁结构在多功能、高增益、宽波束以及波束扫描天线设计中的应用。

人工电磁结构的实现一般可以用普通的金属结构或微带周期性和非周期性结构等效完成。因此，人工电磁结构天线在保证传统微带天线低剖面、易集成、低成本等优点的同时，能够发挥人工电磁结构在电磁波控制方面的独特优势，可以弥补传统天线在增益效率、匹配带宽以及波束灵活性等方面的缺陷。近十几年，关于人工电磁结构天线的报道越来越多，人工电磁结构天线方兴未艾，仍然有很多科学问题值得研究。本书以人工电磁结构作为研究对象，重点探讨人工电磁结构在多功能、高性能天线中的理论研究和设计应用。根据人工电磁结构的理论研究和特性分析，本书分别研究并设计了基于人工电磁结构的多频多模多极化天线、基于人工电磁结构的宽带天线、基于人工电磁结构的高增益天线、基于人工电磁结构的宽波束天线以及基于人工电磁结构的波束扫描天线。本书共分为8章，各章的内容如下：

第1章为绪论。阐述了新型人工电磁结构的概念、发展历史，介绍了人工电磁结构在天线领域的研究现状，列出了本书的具体内容以及主要贡献，并介绍了本书的结构安排。

第2章介绍了人工电磁结构的理论方法及特性分析。重点介绍了等效媒质的S参数提取法及等效电路模型的广义传输线法。分析了"工"字型、SRR及CSRR三种谐振结构和CRLH TL非谐振结构的电磁特性，为设计基于相关结构的人工电磁结构天线提供理论指导。

第3章介绍了基于人工电磁结构的多频多模多极化天线。理论分析了人工电磁结构天线的多频多模特性。采用切角、加弯折臂以及开斜槽等微扰方法，分别设计实现了基于人工电磁结构的振子模式线/圆极化贴片模式线/圆极化四类新型天线。设计了基于人工电磁结构的圆形微带天线，实现了多频多模特性。

第4章介绍了基于人工电磁结构的宽带天线。设计了三款基于共面波导馈电的宽带紧凑型零阶谐振人工电磁结构天线。介绍了一款具有方向图可选择性和极化多样性的宽带人工电磁结构天线，实现了频率、方向图和极化同时可重构。基于可重构天线的概念，设计了一款单馈宽带双频双模双极化人工电磁结构天线。

第5章探讨了人工电磁结构在高增益天线中的应用。理论分析了人工电磁结构的各向异性模型，获得了人工电磁结构高增益天线的设计原则。在此基础上，设计了两款加载SRR和"工"字型谐振结构的宽带高增益天线。

第6章介绍了基于人工电磁结构的宽波束天线。基于谐振型人工电磁结构尺寸波长可比拟条件下的特性分析，研制了多款CSRR和"工"字型结构加载波束扫描天线。介绍了一种通过加载微带谐振结构控制圆极化微带天线波瓣宽度的方法，实现了低剖面圆极化宽波束天线的应用设计。

第7章介绍了基于人工电磁结构的波束扫描天线。基于频率调制连续波车载防撞雷达系统的指标要求，进行了基于CRLH TL的天线扫描范围和增益平坦度增强型的波束扫描天线阵列设计和基于相位调整栅格覆盖层加载的增益提高型波束扫描天线阵列设计。

第8章对本书的工作进行了总结，并对后续研究的一些方向进行了展望。

本书在编写的过程中得到了陆军工程大学通信工程学院各级领导的鼓励和支持。本书参阅并引入了大量国内外资料和经典著作内容，已列入各章节后的参考文献，在此谨向这些文献的作者们表示感谢。

由于时间仓促，加上水平和经验有限，虽然笔者竭尽全力来写好此书，但是难免还是会有不妥之处，敬请专家和读者批评指正。

曹文权

2019年1月24日

目 录

第1章 绪论 ········· 001
1.1 新型人工电磁结构的概念 ········· 001
1.2 新型人工电磁结构的发展历史和现状 ········· 003
    1.2.1 起步阶段 ········· 003
    1.2.2 争议阶段 ········· 004
    1.2.3 快速发展阶段 ········· 005
1.3 新型人工电磁结构在天线领域的研究现状 ········· 006
    1.3.1 新型人工电磁结构在小型化天线中的应用 ········· 007
    1.3.2 新型人工电磁结构在多频多模天线中的应用 ········· 008
    1.3.3 新型人工电磁结构在波束控制天线中的应用 ········· 010
    1.3.4 新型人工电磁结构在天线其他方面的应用 ········· 012
1.4 本书主要内容及章节安排 ········· 012
参考文献 ········· 015

第2章 新型人工电磁结构的理论方法及特性分析 ········· 027
2.1 前言 ········· 027
2.2 新型人工电磁结构的等效媒质参数提取 ········· 028
2.3 几种谐振型人工电磁结构的电磁特性分析 ········· 030
    2.3.1 印刷SRR结构的电磁特性 ········· 031
    2.3.2 印刷CSRR结构的电磁特性 ········· 037
    2.3.3 印刷"工"字型谐振结构的电磁特性分析 ········· 041
2.4 非谐振型人工电磁结构的电磁特性分析 ········· 046
2.5 本章小结 ········· 050
参考文献 ········· 051

第3章 基于人工电磁结构的多频多模多极化天线的理论分析与设计实现 ········· 053
3.1 前言 ········· 053

3.2 基于人工电磁结构的多频多模多极化天线的理论分析和模型建立……055
3.3 基于人工电磁结构的振子模式线极化贴片模式线极化天线设计……058
    3.3.1 天线设计与分析……058
    3.3.2 天线测试结果与讨论……060
3.4 基于人工电磁结构的振子模式线极化贴片模式圆极化天线设计……063
3.5 基于人工电磁结构的振子模式圆极化贴片模式线极化天线设计……064
    3.5.1 天线设计与分析……064
    3.5.2 天线测试结果与讨论……067
3.6 基于人工电磁结构的振子模式圆极化贴片模式圆极化天线设计……069
    3.6.1 天线设计与分析……070
    3.6.2 天线测试结果与讨论……073
3.7 基于人工电磁结构的多频多模圆形微带天线设计……075
    3.7.1 天线设计与分析……075
    3.7.2 天线测试结果与讨论……078
3.8 本章小结……080
参考文献……081

第4章 基于人工电磁结构的宽带天线分析与设计……084

4.1 前言……084
4.2 基于人工电磁结构的宽带零阶谐振天线设计……086
    4.2.1 天线设计与分析……086
    4.2.2 天线测试结果与讨论……088
4.3 基于人工电磁结构的频率、方向图和极化同时可重构天线设计……091
    4.3.1 天线设计与分析……092
    4.3.2 天线测试结果与讨论……094
4.4 基于人工电磁结构的宽带双频双模双极化天线设计……097
    4.4.1 复合左右手传输线的双频点相移特性……098
    4.4.2 天线设计与分析……101
    4.4.3 天线测试结果与讨论……104
4.5 本章小结……106
参考文献……107

第5章 基于人工电磁结构的高增益天线技术研究……112

5.1 前言……112
5.2 人工电磁结构控制天线波束的机理分析……113

5.3 宽带周期端射天线模型 …………………………………………… 114
5.4 基于 SRR 人工电磁结构的宽带高增益周期端射天线设计 ………… 115
　　5.4.1 天线设计与分析 ……………………………………………… 116
　　5.4.2 天线测试结果与讨论 ………………………………………… 119
5.5 基于"工"字型人工电磁结构的宽带高增益周期端射天线设计 …… 123
　　5.5.1 天线设计与分析 ……………………………………………… 123
　　5.5.2 天线测试结果与讨论 ………………………………………… 127
5.6 本章小结 ………………………………………………………… 130
参考文献 ……………………………………………………………… 130

第 6 章　基于人工电磁结构的宽波束天线技术研究 …………………… 133
6.1 前言 ……………………………………………………………… 133
6.2 波长可比拟条件下谐振型人工电磁结构的电磁特性 …………… 134
6.3 基于 CSRR 谐振结构的紧凑型波束扫描天线设计 ……………… 136
　　6.3.1 天线设计与分析 ……………………………………………… 137
　　6.3.2 天线测试结果与讨论 ………………………………………… 139
6.4 基于"工"字型谐振结构的紧凑型波束扫描天线设计 …………… 141
　　6.4.1 天线设计与分析 ……………………………………………… 142
　　6.4.2 天线测试结果与讨论 ………………………………………… 144
6.5 基于弯折微带谐振结构加载的低剖面宽波束圆极化微带天线 …… 148
　　6.5.1 天线设计与分析 ……………………………………………… 148
　　6.5.2 天线测试结果与讨论 ………………………………………… 152
6.6 本章小结 ………………………………………………………… 154
参考文献 ……………………………………………………………… 155

第 7 章　基于人工电磁结构的波束扫描天线分析与设计 ……………… 158
7.1 前言 ……………………………………………………………… 158
7.2 基于 CRLH TL 的波束扫描范围和增益平坦度增强型的波束扫描
　　天线阵列设计 …………………………………………………… 160
　　7.2.1 开槽阵列天线的理论分析 …………………………………… 160
　　7.2.2 传输线单元结构分析 ………………………………………… 162
　　7.2.3 基片集成波导复合左右手传输线开槽阵列天线 …………… 165
　　7.2.4 天线测试结果与讨论 ………………………………………… 167
7.3 基于相位调整栅格覆盖层加载的增益提高型波束扫描天线阵列
　　设计 ……………………………………………………………… 168

  7.3.1 基片集成波导开槽阵列天线馈电结构 …………………… 168
  7.3.2 金属栅格设计 …………………………………………… 170
  7.3.3 天线参数分析 …………………………………………… 173
  7.3.4 天线测试结果与讨论 …………………………………… 176
 7.4 本章小结 ………………………………………………………… 178
参考文献 ……………………………………………………………… 179

第 8 章 总结与展望 …………………………………………………… 183
 8.1 本书的主要工作 ………………………………………………… 183
 8.2 后续工作和展望 ………………………………………………… 185

致谢 ………………………………………………………………… 187

第 1 章
绪　论

天线领域是一个充满着生机和活力的领域,在过去的近一百年里,天线技术已经成为通信革命不可缺少的伙伴。天线作为无线通信系统必备的终端组成部分,也被赋予了越来越多的应用重任,传统的天线技术手段已经很难满足系统的苛刻需求了。20 世纪末,新型人工电磁结构就在这种背景下应运而生了。人工电磁结构突破了传统电磁场理论中的一些重要概念,凭借其特异的电磁属性,已经逐渐成为国际物理、材料和电磁领域的研究前沿和热点,它于 2003 年和 2006 年两次被美国《Science》杂志评为年度十大科技突破之一,且于 2011 年被评为美国 21 世纪前十年的十大科技创新之一。将人工电磁结构应用到现代天线设计中,将大大改善天线的尺寸、阻抗和增益等电磁特性,获得常规天线所没有的特殊性能。

1.1　新型人工电磁结构的概念

新型人工电磁结构(Metamaterial)作为 20 世纪末出现的一个新学术词汇,拉丁语"meta-"赋予了这类人工电磁结构"超级"或"超越"的意义。对于"Metamaterial"一词,国际上没有一个权威严格的定义,国内翻译的版本也多种多样,有命名为"电磁超介质",也有命名为"超材料""左手材料""双负材料""负折射材料""特异性材料""特异介质""人工电磁材料"等。根据维基百科的定义:"Metamaterials are artificial materials engineered to have properties that may not be found in nature. Metamaterials gain their properties not from their composition, but from their exactingly-designed structures. These metamaterials achieve desired effects by incorporating structural elements of sub-wavelength sizes, i.e. features that are actually smaller than the wavelength of the waves they affect[1-3]."我们可以看出 metamaterial 有三个特点:一是具有特异的电磁属性;二是特异的性质来源于人工设计的结构而不是物质本身;第三就是结构具有亚波长特性。考虑到结构对于 metamaterial 的重要性,本书采用"新型人工电磁结构"作为其中文名字进行分析。

众所周知,自然界的材料通常可以用两个电磁参数来描述,即介电常数(ε

和磁导率(μ)。如果以这两个参数作为横纵坐标,可以将所有物质材料囊括在如图1-1所示的介电常数和磁导率数值空间的四个象限内。

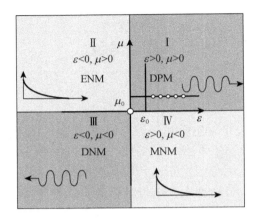

图1-1 材料分类的介电常数-磁导率(ε-μ)示意图

实际上自然界存在的大多数物质都只是在第一象限内,而我们常用的物质基本上处在第一象限的 $\mu=\mu_0$,$\varepsilon \geqslant \varepsilon_0$ 的一条直线中的离散点上。在第一象限内的物质,其材料介电常数(ε)和磁导率(μ)均为正值(DPM, Double Positive Material),电磁波的电场矢量、磁场矢量和波的传播方向满足右手螺旋定则,所以也称为"右手媒质",支持前向波辐射。

事实上 metamaterial 的概念最早得到认可还是从"左手媒质(材料)"开始的,也就是图1-1中第三象限内的材料。该象限内的材料介电常数(ε)和磁导率(μ)都为负值,所以也称为"双负媒质(DNM, Double Negative Material)"。在双负媒质中,电磁波的电场矢量、磁场矢量和波的传播方向满足左手螺旋定则,所以也称为"左手媒质(LHM, Left Handed Material)",支持后向波辐射。1967年,苏联物理学家 V. G. Veselago 首次报道了双负媒质具有逆多普勒效应、逆斯涅尔折射效应、增强倏逝波效应和逆切伦科夫辐射效应等特异属性,在理论上为人工电磁结构的研究奠定了基础[4]。

自然界中存在少数的电等离子体和磁等离子体材料,其在特殊的频段具有电单负($\varepsilon<0$,$\mu>0$)和磁单负($\mu<0$,$\varepsilon>0$)特性,对应为第二象限的电单负媒质(ENM, Electric Negative Material)和第四象限的磁单负媒质(MNM, Magnetic Negative Material),这两种媒质支持凋落波。更多的人工单负介电常数和单负磁导率媒质则是由谐振式金属结构[5-8]或者高介电常数介质块[9-10]组成。我们可以人为构造各种电谐振式结构单元和磁谐振式结构单元,通过电谐振和磁谐振的作用,在特定频段上分别实现 Re(ε)<0 和 Re(μ)<0,以适用于不同

频段单负媒质的需要。电磁波在单负媒质中以凋落波的模式存在,可以直接利用此类媒质的带阻特性设计一些具有带阻滤波功能的器件。相比于双负媒质需要在相同频段实现电负结构和磁负结构的重合,单负媒质因其更加简单的结构和更容易控制的特性受到越来越多学者的青睐。

此外,在坐标内还有比较特殊的一类,就是零折射媒质(ZRIM,Zero Reflection Index Material)[11-13]。因为折射率 $n=(\varepsilon_r\mu_r)^{1/2}$,无论是单负磁导率媒质还是单负介电常数媒质,都存在 $n \to 0$ 的特殊频段。2006 年,Silveirinha 和 Engheta 教授通过理论分析证明了电磁波通过 ZRIM 时会发生隧穿效应[12];2007 年,杜克大学 Smith 教授与东南大学崔铁军教授课题组通过设计互补型开口谐振环(CSRR,Complementary Split Ring Resonator)结构,实验验证了微波段的电磁隧穿效应[13]。

新型人工电磁结构已经逐渐具备了折射率任意可控的特性,世界各国的学者可以根据需要设计各向异性的新型人工材料或各种变换光学器件,实现对电磁波的精确调控[14-16]。

可见,最初的"左手材料""双负材料""负折射材料"显然只是人工电磁结构大家族中的一个部分,已经不能涵盖所有的人工电磁结构类型。对于结构的特性限制,也发生了一些变化,最初要求人工电磁材料为周期性亚波长结构,后来,非周期性结构也属于人工电磁结构。甚至有重视工程应用的学者,将亚波长的条件也逐渐放宽,认为只要具有常规材料所没有的特殊的电磁属性都属于新型人工电磁结构。

当然,人工电磁结构的电磁属性不是一成不变的,同一种人工电磁结构可能在不同的极化波和不同的频段出现不同的谐振模式,也即对应了不同的电磁特性,产生负介电常数或负磁导率的宏观效应。详细分析将在第 2 章给出。

1.2 新型人工电磁结构的发展历史和现状

虽然苏联科学家 V. G. Veselago 在《苏联物理学进展》上首次提出人工电磁结构的概念,但是由于缺乏实验验证,起初并没有引起学界的足够重视。这一新兴领域在经历了三十年的沉寂后,在 20 世纪末开始焕发生机,经历了起步阶段、争议阶段和快速发展阶段。

1.2.1 起步阶段

V. G. Veselago 教授从理论上研究了各向同性左手媒质的传播特性[4,17],并预测了一系列特异的物理现象[18-21]。然而由于自然界中并没有发现左手材料,他的研究成果没有得到深入研究。1996—1999年间,英国皇家理工学院的J. B. Pendry教授先后由周期性排列的细金属棒(Rod)阵列和金属谐振环(SRR,Split Ring Resonator)构造的人工电磁结构实现了微波段的负等效介电常数和负等效磁导率[22-24],如图1-2所示。2001年,美国加州大学圣地亚哥分校的David Smith等物理学家根据Pendry教授的理论模型,将细金属丝板和SRR有规律地排列在一起,实现了微波段(4.2 GHz~4.6 GHz)的双负人工电磁材料,并通过著名的"棱镜实验"证明了左手材料的存在,从此开启了新型人工电磁结构研究的序幕[25-26]。

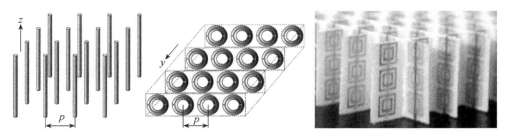

图1-2 能分别实现单负介电常数、单负磁导率及双负左手媒质的三种周期结构

自从证明了左手材料的存在后,人工电磁结构迅速成为国际物理学界、电磁学界、材料界和工业界的研究热点。Pendry教授等提出了"完美透镜"的概念,指出左手媒质可以用于放大或恢复倏逝波[27],很多学者纷纷进行理论和实验验证[28-35];麻省理工学院孔金鸥教授分析了电磁波在左手媒质的多层结构中的传播特性,指出人工电磁材料可以用来制造高指向性天线、聚焦微波波束、实现电磁隐身等[36-38]。

然而,由于Smith教授等人实现左手材料的单元结构基于强谐振特性,损耗大,频带窄,且要实现介电常数和磁导率在同一频段上同时为负比较困难。为克服这些不足,很多学者致力于寻求其他改良的谐振单元结构来构成左手媒质[39-44]。比较有代表性的是Ran和Chen等人于2004年分别设计出的Ω谐振单元和S形谐振单元[45-46]。Ω结构将细铜导线和SRR组合在一个图形中,能够有利于电路的制作并可以利用多层结构制作全固态的左手媒质[45]。S形谐振单元也同时具有负介电常数和负磁导率响应[46]。两种结构损耗小、带宽大、性能稳定。

1.2.2 争议阶段

尽管新型人工电磁结构的研究潜力是巨大而充满魅力的,但是其研究过程也不是一帆风顺的,很多专家学者对其存在的合理性提出了诸多质疑。首先是2002年,Valanju和Garcia等人发表文章质疑左手媒质存在的合理性,他们认为左手媒质违背了因果定律和群速不可超过光速两个物理量的限制[47-48]。但是,孔金瓯教授指出能量传播的方向应该通过计算各处的坡印廷矢量的方向来决定,而不是 Valanju 等人认为的波的干涉波纹前进方向[49]。Pendry 和 Smith 也通过原始定义获得群速在左手材料中沿负方向折射的结论[50]。Foteinopoulou S 通过时域仿真发现在左手媒质传播的电磁波符合因果定律,而在左手媒质和常规媒质临界处将经历很长的延时才向折射角为负的方向折射[51]。

另一个争论的热点则是关于完美透镜的理论[27, 52]。Garcia 等科学家认为完美透镜理论将违背不确定原理,导致无穷大能量密度的出现[53]。G. Gomez-Santos 通过引入时间量程的概念,消除了 Garcia 提到的分歧问题[30]。此外,东南大学崔铁军教授从 Maxwell 方程和 Poynting 理论出发,基于能量守恒原理和时域分析方法证明了 Lorentz 模型在任何频率下的功率密度均为正值,消除了对于传统能量定义之下左手媒质能量为负的误解[54]。

还有一些学者对左手材料负折射现象的实验提出了质疑,认为很多负折射现象只是近场衍射的效应,忽略了材料的损耗,棱镜实验测到的现象有可能是由高损耗引起的。甚至有学者使用高损耗、正折射率媒质重复棱镜实验时,在负方向检测到了比正方向更大的功率。为反驳这些质疑,国内外学者纷纷重复实验以证明左手材料确实是存在的。C. G. Parazzoli 等人在自由空间重复棱镜实验,验证了 Smith 左手材料的负折射特性[55-57];A. A. Houck 和冉立新等人在平面波导中验证了负折射现象[58-59];此外,浙江大学的学者们还通过高斯波束位移实验、T 型波导实验方法、等效参数提取方法等进一步验证了负折射特性[60-62]。

迄今为止,有关左手材料的争议已经基本结束,左手材料的存在性得到了认可。

1.2.3 快速发展阶段

近几年来,新型人工电磁结构无论是在理论研究、结构设计,还是实验验证、应用研究方面均取得了诸多突破,逐渐形成了一门理论体系完整、实验论证严密、应用前景广泛的新兴学科。

新型人工电磁结构的理论研究主要集中在新型人工电磁结构的负折射率和后向波辐射特性,包括了负能量和能流变化问题、负色散特性、相速与群速问题、导波模式问题、表面波抑制等一系列电磁学问题[63-72]。此外,国内外学者也对人工电磁结构其他新颖现象和应用做了很多理论分析。例如,Ruppin 对左手媒质中电磁能量和表面极化进行了分析[73];Chowdhury A 和 Hu 等人分别分析了左手媒质的非线性特性和各向异性特性[74-75];崔铁军教授提出了利用左手媒质实现能量局域化,以及能够传输超大功率密度的超级波导等[76-78]。

在工作频段上,新型人工电磁结构已经涵盖了包括微波、毫米波、太赫兹波和光波在内的各个频段。Zhang 通过 μSL 系统合成大长径比的金属线阵列获得了 0.7 THz 的等离子频率[79];Yen 等人采用光刻蚀技术获得了负磁导率效应在红外波段的铜 SRRs 阵列[80];此外,金属/电介质复合媒质也被 Shalaev 等人验证了可用于构造可见和红外波段的左手媒质[81-82];S. O'Brien 和 J. Li 等人构造出了红外波段纳米结构的对称环 SRR 结构左手材料[83-84]。

在实现形式上,新型人工电磁结构已经完全超出了最初的左手材料范畴。这些新途径包括光子晶体、手征媒质、回旋媒质、超导媒质、LTCC 技术和双轴晶体等,多种形式的人工电磁结构极大地拓展了理论与实验研究内容。Mocella、Pendry、Tretyakov、Ricci 以及国内浙江大学何塞灵教授、东南大学崔铁军教授、南京大学冯一军和伍瑞新教授、西北工业大学赵晓鹏教授等人走在了该领域的前列。

在人工电磁结构的众多实现方式当中,逐步形成完善理论和实验应用体系的复合左右手传输线(CRLH TL)结构凭借其特有的属性得到了广泛的推广。多伦多大学 George V. Eleftheriades 教授和加州大学 Tatsuo Itoh 教授于 2002 年分别独立提出了左手传输线的思想[85-86]。考虑到实际左手传输线中存在寄生的右手效应,Itoh 教授又提出了更贴近实际的复合左右手结构的概念[87]。与谐振型人工电磁结构相比,CRLH TL 结构具有频带宽、损耗低、小型化、易集成等特性,在微波射频领域有着广阔的应用前景。国内外科学家将 CRLH TL 和微带、共面波导、基片集成波导等技术相结合,制作出许多新颖的微波器件和新型天线[88-92]。

近几年,基于新型人工电磁结构的新型天线研究逐渐得到重视,是新型人工电磁结构领域最具活力的方向之一。迄今为止,新型人工电磁结构的理论工作已经相对成熟,而结构研制的目的又往往服务于应用研究。将新型人工电磁结构的众多特异性能应用于现代微波领域,给传统的微波理论带来突破性的发展。特别是,将新型人工电磁结构加载到天线中,能够给天线的物理尺寸、制造成本和性能指标等方面带来新的改善,有利于促进新型天线在通信系统中的应用。近几年来,天线类国际顶级期刊发表的关于新型人工电磁结构天线的论文呈现逐年上升的趋势。尽管如此,新型人工电磁结构天线的应用研究方兴未艾,是极具探索价值的新兴领域。

1.3 新型人工电磁结构在天线领域的研究现状

天线是无线通信系统中辐射或接收电磁波的能量转换装置,起着导行波(或高频电流)与空间电波之间的转换功能,是系统必不可少的一部分。随着通信系统的发展,天线技术越来越朝着小型化、多功能、灵活性、高性能方向发展。根据天线性能可以将新型人工电磁结构在天线中的应用分为以下几个方面：新型人工电磁结构在小型化天线中的应用、新型人工电磁结构在多频多模天线中的应用、新型人工电磁结构在波束控制天线中的应用以及新型人工电磁结构在天线其他方面的应用。

1.3.1 新型人工电磁结构在小型化天线中的应用

国际上有众多研究团队在新型人工电磁结构小型化天线应用方面成果显著。

美国加州大学洛杉矶分校的 Tatsuo Itoh 教授和他的课题组依据 CRLH TL 相位补偿特性设计制作了多副小型化天线。当 CRLH TL 谐振天线终端短路时，可以制作零阶谐振天线（ZORA，Zeroth Resonant Antenna）[93-95]。结构的零阶谐振特性使电小天线得以实现[96]。天线小型化使其易集成于射频器件中[97]。另外，课题组还采用 CRLH TL 理论对周期 mushroom 结构进行分析，论证并实现了具有单极子辐射方向图的无限波长谐振天线[98]。

加拿大多伦多大学 George V. Eleftheriades 教授领衔的课题组通过对单极子天线加载单个或多个人工电磁结构单元实现了一类能应用于 Wi-Fi、WiMAX 等移动通信系统中的小型化低剖面天线[99-105]。课题组首先制作了两个在天线工作频率处插入相位为零的人工电磁结构单元，使得天线近似两个同相探针辐射，既实现了小型化（$1/10\lambda_0$），又保证了低剖面（$1/28\lambda_0$）[99]；随后采用折叠振子技术增加电小单极子的辐射阻抗，无须额外的阻抗匹配网络，结构更加简单，也大大提高了天线辐射效率[100]。此外课题组还构造了两个谐振在不同频段的分支，在保证小型化的基础上拓宽了天线带宽[101]。

美国亚利桑那大学 Richard W. Ziolkowski 教授和他的研究团队在具有近场谐振寄生特性的多功能电小天线方面研究成果丰富。他分析了电小天线周围覆盖双负或单负人工电磁结构单元的辐射性能[106]。研究结果表明，加载新型人工电磁结构单元可有效提高电小天线的辐射效率和阻抗带宽。基于电和磁的近场谐振寄生单元的电小和磁小偶极子天线，能够与单馈点 50 Ω 很好地匹配，辐射效率高[107]。随后课题组又结合近场谐振寄生特性和电磁带隙结构（EBG，Electromagnetic Band-Gap）实现了具有高方向性和低剖面特性的线极化/圆极化电小天线[108]。在此基础上，通过引入多个近场谐振寄生单元，又获得了双频线极化和圆极化的小型化天线[109]。如图 1-3 所示为近场谐振寄生型多功能电小天线。

美国宾夕法尼亚大学的 Nader Engheta 教授首次提出了用双负材料实现亚波长谐振腔的理论。他给出了一维谐振腔的平行加载方式，并指出，根据双负材料的逆向波特性，一维谐振腔加载具有双负特性的平板材料可以实现对传统平板材料的相位补偿，使得谐振腔的厚度不再受半波长的限制，其谐振条件仅取决于两块平板的厚度与电磁参数的比值关系[110]。美国得克萨斯大学奥斯汀分校 Andrea Alu 教授等人对亚波长谐振腔应用于微带天线的可行性进行了分析，设

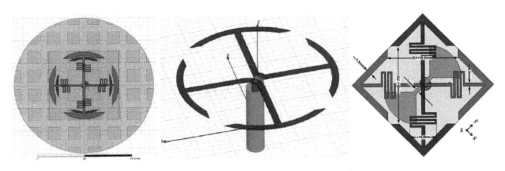

图 1-3 近场谐振寄生型多功能电小天线

计了一款圆形亚波长微带贴片天线,此天线的谐振频率与天线物理尺寸无关,仅与材料的本构参数和填充比有关。在谐振频率上辐射贴片直径仅为 $0.065\lambda_0$,其尺寸远小于传统微带天线的半波长[111-112]。国内南京大学冯一军教授、哈尔滨工业大学吴群教授和西安电子科技大学杨锐博士等对亚波长的谐振腔天线也做了深入的研究[113-115]。

天线小型化是天线的重要发展方向之一。目前,新型人工电磁结构的小型化天线成果颇多。Shu-Yen Yang 等通过加载交趾电容传输线实现了一款尺寸为 $0.11\lambda_0 \times 0.18\lambda_0 \times 0.01\lambda_0$,带宽达到 6.1% 的零阶谐振天线[116],如图 1-4 所示。M. S. Majedi 等则通过使用 ENM 传输线结合共面条带结构实现了小型化零阶谐振天线,天线尺寸为 $0.10\lambda_0 \times 0.08\lambda_0$,带宽达到了 12.4%[117]。Parviz Hajizadeh 用人工电磁结构替代近似八木天线的辐射部分,天线尺寸减少了 76.24%[118]。

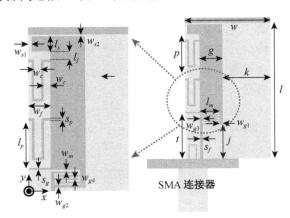

图 1-4 加载交趾电容传输线的零阶谐振天线

1.3.2 新型人工电磁结构在多频多模天线中的应用

基于新型人工电磁结构的多频多模天线初见成果,G. V. Eleftheriades 教授的课题组在这个方向做了很多有意义的工作。他们首先对印刷单极子天线加载新型人工电磁结构单元,设计制作了宽带双模(单极子模式和偶极子模式)振子天线[119]。然后在此基础上,通过缺陷地技术和电抗性加载技术,制作了一个覆盖Wi-Fi 上下工作频段、WiMAX 频段的三频段振子天线[120]。Ke Li 等通过加载 ELC(Electric-LC)单元结构实现了两款新型人工电磁结构天线,覆盖了 WiMAX 的2.5/3.5/5.5-GHz 和 WLAN 的 5.2/5.8-GHz 频段[121]。然而这种通过加载人工电磁结构单元实现多频多模功能仅仅局限于超宽带天线中。

Hyunseong Kang 通过在矩形环天线内部加载零阶谐振天线,实现了相互正交的电流环和磁流环,该新型人工电磁结构双模天线具有方向图缺陷补偿功能[122]。Ahmed R. Raslan 将单极子天线加载人工电磁结构的概念拓展到环天线和印刷倒 F 天线中。通过加载 CRLH TL 单元结构,这些天线在保证尺寸和原谐振频率不变的条件下,引入了新的更低频的谐振点[123]。

Shih-Chia Chiu 引入串联终端电路,实现了对非平衡状态下的 CRLH TL 串联和并联两个零阶谐振模式的同时激励,天线尺寸仅为 $0.14\lambda_0 \times 0.16\lambda_0$,如图 1-5 所示[124]。He-Xiu Xu 分析了包含 CSRR 和串联容性缝隙结构的二维谐振型 CRLH TL 天线,如图 1-6 所示,该天线实现了多频多模的功能[125]。此外,文献[126]通过引入人工电磁结构,制作了一个新颖的双频可重构天线。Shaozhen Zhu

图 1-5 非平衡状态下的 CRLH TL 双零阶谐振模式天线

图 1-6 二维谐振型 CRLH TL 天线

设计了一款加载变容二极管的 SRR 结构频率可重构天线,通过加载 1~9 V 的电压,天线的工作频率为 365 MHz~500 MHz,而天线的尺寸仅为 $0.095\lambda_0 \times 0.046\lambda_0 \times 0.001\lambda_0$[127]。

1.3.3 新型人工电磁结构在波束控制天线中的应用

新型人工电磁结构凭借其特有的后向波辐射特性和折射率任意可控特性在天线波束控制领域逐渐得到重视。其中最先得到应用的是漏波天线。传统频扫漏波天线由于前向波特性较难实现宽边辐射[128-129],新型人工电磁结构天线依靠左手传输线的后向波特性具有后向辐射方向图[85,88,21]。而 CRLH TL 构造的新型漏波天线,真正实现了背射到端射的功能[130]。

CRLH TL 新型天线可以避免使用复杂的馈电网络并具有灵活的动态扫描特性,其往往能够结合多种技术实现形式多样的波束扫描天线。比如结合外差式混合器和伴有滤波器的延迟线[131]、巴特勒矩阵[132]、变容二极管和罗德曼透镜[133]实现扇形束、锥形束、铅笔束等各种波束扫描天线[131-134]。此外有源波束成形的技术和磁性材料技术也逐渐为 CRLH 漏波天线所用[135-139]。加拿大蒙特利尔大学 Christophe Caloz 教授发现加载均匀磁性材料的开口波导结构具有 CRLH 特性,并利用该特性先后实现了具有完全均匀特性的背射到端射的漏波天线和新颖的漏波天线收发双工器。其中通过调整磁偏场就可以实现对收发双工器工作频率的调控,性能大大优于传统双工器[138-139]。

此外,吴群教授用加载人工电磁结构的波导结构实现了前向和后向波可控传播[140];Simon Otto 等探讨了边射漏波天线的传输线模型和渐进公式[141];赵晓鹏教授等给出了提高天线方向性的复合左右手传输线结构[142]。Lan Cui 等使用偶模两侧边耦合的悬挂微带线结构,改善了具有宽边辐射的人工电磁结构天线的增益平坦度,降低了旁瓣,工作带宽内增益波动小于 2 dB,旁瓣低于 20 dB,如图 1-7 所示[143]。

图 1-7 具有宽边辐射的人工电磁结构漏波天线

此外,将折射率为零或接近零的人工材料作为覆盖层以提高天线增益一直是新型人工电磁结构的重要应用之一。如图 1-8 所示,人工电磁结构加载的平面天线方向性接近理论最大值[144]。崔铁军教授课题组通过设计折射率呈梯度分布的人工电磁材料,实现了柱面波和球面波到平面波的转化,并设计了高增益的多波束扫描天线[145-146],如图 1-9 所示。赵晓鹏教授课题组也在左手材料提高天线增益领域做了很多有意义的研究[147-148]。

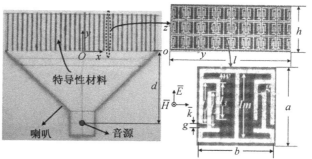

图 1-8　基于零折射率特异性材料加载的高增益贴片天线　　图 1-9　波束扫描特异性材料透镜天线及其特异性材料单元

近年来,新型人工电磁结构的波束控制天线硕果累累。Daniel. J. Gregoire 设计了三维共形的人工电磁结构表面,提高了漏波天线的性能[149]。崔铁军教授课题组设计了近似各向同性的折射率渐变的三维人工电磁材料,将其应用于微波透镜天线,获得了新型的半圆形伦勃透镜和半麦克斯韦鱼眼透镜[150]。Qi Wu 等将基于 PCB 工艺的新型人工电磁结构表面应用于双极化混合模的喇叭天线,提高了天线的交叉极化特性并降低了天线旁瓣,是传统喇叭天线的低成本替代结构[151],如图 1-10 所示。Davide Ramaccia 等通过加载由常规材料和介电常数接近零的新型人工电磁材料构成的平板透镜,获得了一款新型的宽带紧凑型喇叭天线,性能与最优喇叭类似[152]。Clinton P. Scarborough 等设计了一款具有超宽方向图带宽的新型人工电磁结构喇叭天线,具有结构简单、重量轻便的特点[153]。Zhenzhe Liu 等基于低温共烧陶瓷工艺(LTCC, Low Temperature Co-fired Ceramic)设计了负磁导率的人工电磁结构,使得微带天线的增益提高了 1.5 dB,3 dB 波束宽度减少了 14°[154]。Seung-Tae Ko 在传统矩形贴片天线中引入 mushroom 结构天线,结合了传统天线的 TM010 模式和新型人工电磁结构天线的零阶谐振模式,展宽了天线 E 面的波瓣宽度[155]。

图 1-10　基于人工电磁结构的双极化混合模的新型喇叭天线

1.3.4 新型人工电磁结构在天线其他方面的应用

新型人工电磁结构天线拥有传统天线不具备的独特优势,除了能够减少天线系统尺寸、增加天线带宽、提高天线的方向性系数、降低天线背瓣,还能够消除表面波、减少基底能量损耗、降低天线 RCS 能量、增强隐蔽性,具有广阔的应用前景。Mohammad S. Sharawi 设计了一款 2×2 MIMO 天线阵,通过在天线地板上加载 CSRR 结构实现了小型化,天线尺寸减少了 76%,天线单元间隔为 $0.17\lambda_0$,最小隔离度为 10 dB[156]。Ahmad A. Gheethan 等提出了一款 2×2 GPS 双频阵列天线,如图 1-11 所示,在间隔为 $\lambda_0/3.7$ 条件下,宽边耦合的 SRR 结构使单元互耦减小了 10 dB[157]。

图 1-11 加载开口谐振环人工电磁结构的 2×2 GPS 双频阵列天线

Dimitra A. Ketzaki 等通过在 MIMO 单极子天线阵中加载 SRR 人工电磁结构单元控制了电磁波的传播,在不影响阵列天线的简单性和平面性的前提下,获得了很高的单元隔离度[158]。Liu Tao 等介绍了通过运用新型人工电磁结构吸收层降低波导开槽天线的雷达散射截面(RCS),降幅达到了 7~147 dBsm,如图 1-12 所示[159]。

图 1-12 加载新型人工电磁结构吸收层的波导开槽天线

1.4 本书主要内容及章节安排

新型人工电磁结构的实现一般可以用普通的金属结构或微带周期性和非周

第 1 章 绪 论

期性结构等效完成，无须加入复杂的伺服系统、机械或电子控制系统。因此，新型人工电磁结构天线在保证微带天线低剖面、易集成、低成本等优点的同时，发挥人工电磁结构在电磁波控制方面的独特优势，可以弥补微带天线在增益效率、匹配带宽以及波束灵活性方面的缺陷。尽管目前已有不少关于新型人工电磁结构天线的报道[160]，然而新型人工电磁结构天线方兴未艾，仍然有很多科学问题值得研究。

本书以新型人工电磁结构作为研究对象，重点探讨新型人工电磁结构在多功能、高性能天线中的理论研究和设计应用，天线模型仿真均采用基于有限元法的 HFSS 软件。具体工作如下：

(1) 详细地介绍了用于新型人工电磁结构等效媒质的 S 参数提取法及等效电路模型的广义传输线法。在此基础上，分析了"工"字型结构、SRR 结构及其互补结构 CSRR 结构三种谐振型人工电磁结构和 CRLH TL 非谐振结构的电磁特性，为后文设计基于相关结构的新型人工电磁结构天线提供理论指导。

(2) 通过引入 CRLH TL 模型分析 mushroom 加载天线结构的电磁特性，发现了 mushroom 加载微带天线天然具有多频多模的电磁特性。在此基础上，通过对人工电磁结构多频多模天线的场分析得知辐射贴片尺寸形状并不影响零阶谐振模式的辐射特性。采用对辐射贴片切角、加弯折臂以及开斜槽等微带天线微扰方法，分别设计实现了基于人工电磁结构的振子模式线极化贴片模式线极化、振子模式线极化贴片模式圆极化、振子模式圆极化贴片模式线极化和振子模式圆极化贴片模式圆极化四类多频多模多极化天线。并对圆形微带天线加载人工电磁结构实现多频多模特性进行了理论分析和天线设计。理论和实验证明，人工电磁结构加载的圆形贴片天线具有两个全向辐射特性的振子模式和一个位于两振子模式中间的贴片辐射模式。本书提出的新型多频多模多极化天线相比于传统的具备单一的多频、多模、多极化功能的天线，具有完善的理论体系，且设计方法简单。

(3) 采用电磁场理论，从场能角度分析了谐振模式的品质因数（Q 值）、储能、耗能和总能与电路参数的数值关系，获得了天线工作带宽与各个参量的相互关系。首先，结合宽带谐振腔的理论分析，采用优化馈电激励的方案设计并加工了三款基于共面波导馈电的宽带紧凑型零阶谐振人工电磁结构天线。然后，通过对天线馈电网络的控制实现了对人工电磁结构天线的可重构设计，提出了一款新颖的具有方向图可选择性和极化多样性的人工电磁结构天线，在展宽两种工作模式下的天线带宽的同时，实现了频率、方向图和极化同时可重构的奇特性能。最后，在此基础上，分析了 CRLH TL 结构双频点条件下的相移特性，并且基于可重构天线的概念，设计了双频点上相移特性分别为 $(90°, 0°)$ 和 $(180°, 0°)$ 的两个传输线结构。然后对馈电部分进行改进，加工制作了一款单馈宽带双频双模双极化人工电磁结构天线。

（4）理论分析了人工电磁结构的各向异性模型，获得了保证天线匹配特性并提高天线效率的人工电磁结构设计条件。在此基础上，提出了人工电磁结构高增益天线的两种具体方案。设计了加载 SRR 和"工"字型谐振结构的宽带高增益天线。分析了天线阻抗匹配、远场辐射、增益效率等电磁特性与人工电磁结构单元参数、加载方式之间的关系。

（5）分析了谐振型人工电磁结构在尺寸波长可比拟情况下的电磁特性，讨论了人工电磁结构天线波束特性与人工电磁结构单元参数、加载方式之间的关系。基于谐振型人工电磁结构的理论分析，分别采用 CSRR 结构和"工"字型结构单元加载来控制微带天线 H 面的波束指向，结果表明通过控制双加载 CSRR 结构和双加载"工"字型结构的参数，天线可以实现很宽的扫描范围，验证了共面加载人工电磁结构控制平面天线波束方案的可行性。在此基础上，提出了一种通过加载微带谐振结构控制圆极化微带天线波瓣宽度的方法，天线结构简单且保持了低剖面特性。加工天线实物验证了理论分析。

（6）对新型人工电磁结构的波束扫描天线进行了深入研究。首先采用新颖的具有非线性移相特性的 CRLH TL 结构来增强漏波天线的扫描范围。采用修正的 SIW CRLH TL 用作天线传输单元而不是辐射单元，提高了相位斜率，从而大大增强了天线波束扫描范围。与传统的 SIW 漏波天线相比，在不增加天线尺寸的前提下天线波束扫描能力提高了两倍且增益平坦性很好。然后，以 SIW 频率扫描阵列天线作为波束扫描天线的馈源，通过加载相位调整栅格覆盖层提高了一维波束扫描阵列天线的增益。设计了两款栅格覆盖层，在保证不破坏天线波束扫描特性的前提下提高了天线增益，通过栅格单元的特征模型分析了天线工作原理，研究了覆盖层参数对天线波束扫描角和增益的影响，给出了天线设计准则。几款天线结构简单、成本低，均满足了频率调制连续波车载防撞雷达系统的指标要求，且在卫星通信系统等场合具有潜在的应用价值。

本书主要内容与贡献列表如下：

表 1-1　　　　　　　　　　　本书主要内容与贡献

章节	主要内容	主要贡献与创新点
第 2 章	总结理论方法及结构特性分析	1. 总结两种分析方法（S 参数提取法和广义传输线法） 2. 四种人工电磁结构（SRR、CSRR、"工"字型、CRLH TL）
第 3 章	新型多频多模多极化天线分析设计	1. 四款方形贴片多频多模多极化新型人工电磁结构天线 2. 一款圆形贴片多频多模新型人工电磁结构天线

(续表)

章节	主要内容	主要贡献与创新点
第4章	新型宽带天线分析设计	1. 三款基于CPW馈电的宽带紧凑型ZORA天线 2. 一款展宽双模带宽的频率、方向图和极化同时可重构人工电磁结构天线 3. 一款单馈宽带双频双模双极化的人工电磁结构天线
第5章	新型高增益天线技术研究	1. 一款基于SRR人工电磁结构的宽带高增益周期端射天线 2. 一款基于"工"字型人工电磁结构的宽带高增益周期端射天线
第6章	新型宽波束天线技术研究	1. 两款基于CSRR谐振结构的紧凑型波束扫描天线(单向、双向波束扫描) 2. 两款基于"工"字型谐振结构的紧凑型波束扫描天线(单向、双向波束扫描) 3. 一款基于弯折微带谐振结构加载的低剖面宽波束圆极化微带天线
第7章	新型波束扫描天线分析设计	1. 一款基于CRLH TL的天线扫描范围和增益平坦度增强型的波束扫描天线阵列 2. 两款基于相位调整栅格覆盖层加载的增益提高型波束扫描天线阵列

本书共分为8章。第1章为绪论,说明了本书的研究背景和意义,列出了本书研究的具体内容,总结了本书的主要贡献,介绍了本书的结构安排。第2章介绍了用于新型人工电磁结构的分析方法,对几种谐振型和非谐振型的新型人工电磁结构进行了详细分析。第3章对基于新型人工电磁结构的多频多模多极化天线进行了理论分析和模型设计,制作了多款多频多模多极化天线,获得了设计方法。第4章研究了新型人工电磁结构的宽带天线,包含了对宽带零阶谐振天线、可重构天线和宽带双频双模双极化天线的具体分析和讨论。第5章探讨了新型人工电磁结构在高增益天线中的应用,完成了两款新型人工电磁结构共面加载的宽带高增益天线设计。第6章研究了新型人工电磁结构在低成本波束扫描天线和低剖面宽波束圆极化天线中的应用,完成了多款新型人工电磁结构波束扫描和宽波束天线的应用设计。第7章对新型人工电磁结构的频扫漏波天线进行了深入研究,进行了基于CRLH TL的天线扫描范围和增益平坦度增强型的波束扫描天线阵列设计和基于相位调整栅格覆盖层加载的增益提高型波束扫描天线阵列设计。第8章对本书的工作进行了总结,对后续研究的一些方向进行了展望。

参考文献

[1] Engheta N, Ziolkowski R W. Metamaterials: Physics and Engineering Explorations[M]. New York: Wiley & Sons, 2006:3-30, 37, 143-150, 215-234, 240-256.

[2] Zouhdi S, Sihvola A, Vinogradov A P. Metamaterials and Plasmonics: Fundamentals, Modelling, Applications[M]. New York: Springer-Verlag, 2008: 3-10, 106.

[3] Kshetrimayum R S. A Brief Intro to Metamaterials[J]. IEEE Potentials, 2004, 23(5): 44-46.

[4] Veselago V G. The electrodynamics of substances with simultaneously negative values of ε and μ[J]. Sov. Phys. Usp., 1968, 10(4): 509-514.

[5] Marques R, Mesa F, Martel J, et al. A new 2-D isotropic left-handed metamaterial design: theory and experiment[J]. Microwave and Optical Technology Letters, 2002, 35(5): 405-408.

[6] Chen H S, Ran L X, Jiang T, et al. Magnetic Properties of S-Shaped Split-ring Resonators[J]. PIER, 2005, 51: 231-247.

[7] Baena J D, Marques R, Francisco M. Artificial magnetic metamaterial design by using spiral resonators[J]. Phys. Rev. B, 2004, 20(1): 1985—1988.

[8] Schurig D, Mock J J, Smith D R. Electric-field-coupled resonators for negative permittivity metamaterials[J]. Applied Physics Letters, 2006, 88(4): 041109-041109-3.

[9] Liang P, Ran L X, Chen H S, et al. Experimental Observation of Left-Handed Behavior in an Array of Standard Dielectric Resonators[J]. Physical Review Letters, 2007, 98: 157403-157403-4.

[10] Schuller J A, Zia R, Taubner T, et al. Dielectric Metamaterials Based on Electric and Magnetic Resonances of Silicon Carbide Particles[J]. Physical Review Letters, 2007, 99: 107401-107401-4.

[11] Alu A, Silveirinha M G, Salandrino A, et al. Epsilon-near-zero metamaterials and electromagnetic sources: tailoring the radiation phase pattern[J]. Phys. Rev. B, 2007, 75: 155410-155410-13.

[12] Silveirinha M G, Engheta N. Tunneling of electromagnetic energy through subwavelength channels and bends using ε-near-zero materials[J]. Phys. Rev. Lett., 2006, 97: 157403-157403-4.

[13] Liu R, Cheng Q, Hand T, et al. Experimental demonstration of electromagnetic tunneling through an epsilon-near-zero metamaterial at microwave frequencies[J]. Phys. Rev. Lett., 2008, 100: 023903-023903-4.

[14] Pendry J B, Schurig D, Smith D R. Controlling Electromagnetic Fields[J]. Science, 2006, 312: 1780-1782.

[15] Cummer S A, Popa B I, Schurig D, et al. Full-wave simulations of electromagnetic cloaking structures[J]. Phys. Rev. E, 2006, 74: 036621-036621-5.

[16] Schurig D, Mock J J, Justice B J, et al. Metamaterial Electromagnetic Cloak at Microwave Frequencies[J]. Science, 2006, 314: 977-980.

[17] Veselago V G. The electrodynamics of substrates with simultaneously negative values of ε and μ(in Russian)[J]. Usp Fiz Nauk, 1967, 92: 517-526.

[18] Smith D R, Kroll N. Negative refractive index in left-handed materials[J]. Physical Review Letters, 2000, 85: 2933-2936.

[19] Seddon N, Bearpark T. Observation of the inverse Doppler effect[J]. Science, 2003, 302: 1537-1540.

[20] Lu J, Grzaegorczyk T M, Zhang Y, et al. Cerenkov radiation in materials with negative permittivity and permeability[J]. Optics Express, 2003, 11(7): 723-734.

[21] Grbic A, Eleftheriades G Y. Experimental verification of backward-wave radiation from a negative refractive index metamaterial[J]. Journal of Applied Physics, 2002, 92(10): 5930-5935.

[22] Pendry J B, Holden A J, Stewart W J, et al. Extremely low frequency plasmons in metallic mesostructures[J]. Physical Review Letters, 1996, 76(25): 4773-4776.

[23] Pendry J B, Holden A J, Robbins D J, et al. Low frequency plasmons in thin-wire structures[J]. J Phys: Condens Matter, 1998, 10: 4785-4809.

[24] Pendry J B, Holden A J, Robbins D J, et al. Magnetism from conductors and enhanced nonlinear phenomena[J]. IEEE Transactions on Microwave Theory and Techniques, 1999, 47: 2075-2084.

[25] Smith D R, Vier D C, Padilla W, et al. Loop-wire medium for investigating plasmons at microwave frequencies[J]. Applied Physics Letters, 1999, 75: 1425-1427.

[26] Shelby R A, Smith D R, Schultz S. Experimental Verification of a Negative Index of Refraction[J]. Science, 2001, 292: 77-79.

[27] Pendry J B. Negative refraction makes a perfect lens[J]. Physical Review Letters, 2000, 85(18): 3966-3969.

[28] Pendry J B, Ramakrishna S A. Near-field lenses in two dimensions[J]. J Phys: Condensed Matter, 2002, 14: 8463-8479.

[29] Ramakrishna S A, Pendry J B, Schurig D, et al. The asymmetric lossy near-perfect lens[J]. Journal of Modern Optics, 2002, 49: 1747-1762.

[30] Gomez-Santos G. Universal features of the time evolution of evanescent modes in a left-handed perfect lens[J]. Physical Review Letters, 2003, 90: 0077401-0077401-4.

[31] Smith D R, Schurig D, Rosenbluth M, et al. Limitations on subdiffraction imaging with a negative refractive index slab[J]. Applied Physics Letters, 2003, 82(10): 1506-1508.

[32] Ramakrishma S A, Pendry J B. Removal of absorption and increase in resolution in a near-field lens via optical gain[J]. Physical Review B, 2003, 67: 201101-201101-4.

[33] Grbric A, Eleftheriades G Y. Growing evanescent waves in negative-refractive-index transmission line media[J]. Applied Physics Letters, 2003, 82(12): 1815-1817.

[34] Merlin R. Analytical solution of the almost-perfect-lens problem[J]. Applied Physics Letters, 2004, 84(8): 1290-1292.

[35] Lagarkov A N, Kissel V N. Near-perfect imaging in a focusing system based in a left-handed-material plate[J]. Physical Review Letters, 2004, 92(7): 077401-077401-4.

[36] Kong J A, Wu B I, Zhang Y. Lateral displacement of a Gaussian beam reflected from a grounded slab with negative permittvity and permeability[J]. Applied Physics Letters, 2002, 80(12): 2084-2086.

[37] Smith D R, Schurig D, Pendry J B. Negative refraction of modulated electromagnetic waves[J]. Applied Physics Letters, 2002, 81(15): 2713-2715.

[38] Ziolkowski R W. Pulsed and CW Gaussian beam interactions with double negative metamaterial slabs[J]. Optics Express, 2003, 11(7): 662-681.

[39] Marqués R, Mesa F, Martel J, et al. Comparative Analysis of Edge-and Broadside-Coupled Split Ring Resonators for Metamaterial Design-Theory and Experiments[J]. IEEE Trans. Microwave Theory Tech., 2003, 51(10): 2572-2581.

[40] Zhang F L, Zhao Q, Liu Y H, et al. Behaviour of Hexagon Split Ring Resonators and Left-Handed Metamaterials. Chin[J]. Phy. Lett., 2004, 21(7):1330-1332

[41] Baena J D, Bonache J, Martín F, et al. Equivalent-Circuit Models for Split-Ring Resonators and Complementary Split-Ring Resonators Coupled to Planar Transmission Lines[J]. IEEE Trans. Microwave Theory Tech., 2005, 53(4): 1451-1461.

[42] Ran L, Huang F J, Chen H, et al. Experimental Study on Several Left-handed Metamaterials[J]. PIER, 2005, 51: 249-279.

[43] Hao T, Steven C J, Edwards D J. Optimisation of metamaterials by Q factor[J]. Electron. Lett., 2005, 41(11): 653-654.

[44] Gay-Balmaz P, Martín O J F. Efficient isotropic magnetic resonators[J]. Appl. Phys. Lett., 2002, 81: 939.

[45] Huang F, Jiang T, Ran L X, et al. Experimental confirmation of negative refractive index of a metamaterial composed of Ω-like metallic patterns[J]. Applied Physics Letters, 2004, 84(9): 1537-1539.

[46] Chen H S, Ran L X, Jiang T, et al. Left-handed materials composed of only S-shaped resonators[J]. Physical Review E, 2004, 70: 057605-057605-4.

[47] Garcia N, Nieto-Vesperinas M. Is there an experimental verification of a negative index of refraction yet? [J]. Opt. Lett., 2002, 27(11): 885-887.

[48] Valanju P M, Walser R M, Valanju A P. Wave refraction in negative-index media: always positive and very inhomogeneous[J]. Phys. Rev. Lett., 2002, 88: 187401-187401-4.

[49] Pacheco J, Grzegorczyk T M, Wu B-I, et al. Power propagation in homogeneous isotropic frequency-dispersive left-handed media[J]. Phys. Rev. Lett., 2002, 89: 257401-257401-4.

[50] Pendry J B, Smith D R. Comment on "Wave refraction in negative-index media: always positive and very inhomogeneous"[J]. Physical Review Letters, 2003, 90: 029303.

[51] Foteinopoulou S, Economou E N, Soukoulis C M. Refraction in media with a negative refractive index[J]. Physical Review Letters, 2003, 90: 107402-107402-4.

[52] Fang N, Zhang X. Imaging properties of a metamaterial superlens[J]. Applied Physics

Letters, 2003, 82: 161-163.

[53] Garcia N, Nieto-Vesperinas M. Left-handed materials do not make a perfect lens[J]. Physical Review Letters, 2003, 88(20): 207403-207403-4.

[54] Cui T J, Kong J A. Causality in the propagation of transient electromagnetic waves in a left handed medium[J]. Phys. Rev. B, 2004, 70: 165113-165113-6.

[55] Sanz M, Papageorgopoulos A C, Egelhoff W F, et al. Transmission measurements in wedge-shaped absorbing samples: An experimental for observing negative refraction[J]. Physical Review E, 2003, 67: 067601-067601-4.

[56] Parazzoli C G, Greegor R B, Li K, et al. Experimental verification and simulation of negative index of refraction using snell's law[J]. Physical Review Letters, 2003, 90: 107401-107401-4.

[57] Li K, Mclean J, Greegor R B, et al. Free-space focused-beam characterization of left-handed material[J]. Applied Physics Letters, 2003, 82(15): 2535-2537.

[58] Houck A A, Brock J B, Chuang I L. Experimental Observations of a left-handed material that obeys snell's law[J]. Physical Review Letters, 2003, 90: 137401-137401-4.

[59] 冉立新, 章献民, 陈抗生, 等. 异向媒质及其实验验证[J]. 科学通报, 2003, 48(12): 1271-1273.

[60] Ran L, Huangfu J, Chen H, et al. Beam shifting experimental for the characterization of left-handed properties[J]. Journal of Applied Physics, 2004, 95(5): 2238-2241.

[61] Chen H, Ran L, Huangfu J, et al. T-junction waveguide experiment to characterize left-handed properties of metamaterials[J]. Journal of Applied Physics, 2003, 94: 3712-3716.

[62] Chen H, Zhang J, Bai Y, et al. Experimental retrieval of the effective parameters of metamaterials based on a waveguide method[J]. Optics Express, 2006, 14(26): 12944-12944-6.

[63] Lagarkov A N, Kisel V N. Electrodynamics properties of simple bodies made of materials with negative permeability and negative permittivity[J]. Doklady Physics, 2001, 46(3): 163-169.

[64] Silin R A, Chepurnykh I P. On media with negative dispersion[J]. J Commun Tehnol Electron, 2001, 46(10): 1121-1125.

[65] Baccarelli P, Burghignoli P, Lovat G, et al. Surface-wave suppression in a double-negative metamaterial grounded slab[J]. IEEE Antennas and Wireless Propagation Letters, 2002, 2(1): 269-272.

[66] Ruppin R. Intensity distribution inside scatters with negative-real permittivity and permeability[J]. Microwave and Optical Technology Letters, 2003, 36(3): 150-154.

[67] Alu A, Engheta N. Anomalies in surface wave propagation along double-negative and single-negative cylindrical shells[C]. Progress in Electromagnetics Research Symp, 2004: 28-31.

[68] Cui T J, Kong J A. Causality in the propagation of transient electromagnetic waves in a

left-handed medium[J]. Physical Review B, 2004, 70(16): 165113-165113-4.

[69] Cui T J, Kong J A. Time-domin electromagnetic energy in a frequency-dispersive left-handed medium[J]. Physical Review B, 2004, 70: 205106-205106-7.

[70] Thomas J R, Ishimaru A. Wave packet incident on negative-index media[J]. IEEE transactions on antennas and propagation, 2005, 53(5): 1591-1599.

[71] Elser J, Podolskiy V A, Salakhutdinov I. Nonlocal effects in effective-medium response of naolayered metamaterials[J]. Applied Phisics Letters, 2007, 90(19): 191109-191109-3.

[72] Guven K, Cakmak A O, Caliskan M D, et al. Bilayer metamaterial: analyses of left-handed transmission and retrieval of effective medium parameters[J]. Journal of Optics A: pure and Applied Optics, 2007, 9: 361-365.

[73] Ruppin R. Surface polaritons of a left-handed medium[J]. Physics Letters A, 2000, 11(1): 61-64.

[74] Chowdhury A, Tataronis J A. Nonlinear wave mixing and susceptibility properties of negative refractive index materials[J]. Physical Review E, 2007, 75: 016603-01660-5.

[75] Hu L, Chui S T. Characteristics of electromagnetic wave propagation in uniaxially anisotropic left-handed materials[J]. Phys. Rev. B, 2002, 66: 085108-085108-7.

[76] Cheng Q, Cui T J. Energy localization using anisotropic metamterials[J]. Phys. Lett. A, 2007, 367: 259-262.

[77] Cheng Q, Cui T J. Structure for localizing electromagnetic waves with a left-handed medium slab and a conducting plane[J]. Optics Letters, 2005, 30(10): 1216-1218.

[78] Cheng Q, Cui T J. High power generation and transmission through a left-handed material [J]. Physical Review B, 2005, 72: 113112-113112-4.

[79] Zhang S, Fan W J, Minhas B K, et al. Measurement of W-Photon Couplings in pp Collisions at s= 1.8 TeV[J]. Phys. Rev. Lett., 1995, 11(74): 1936-1940.

[80] Yen T J, Padilla W J, Fang N, et al. Terahertz magnetic response from artificial materials [J]. Science, 2004, 303: 1494-1496.

[81] Markel V A, Shalaev V M, Zhang P, et al. Near-field optical spectroscopy of individual surface-plasmon modes in colloid clusters[J]. Phys. Rev. B, 1999, 59: 10903-10909.

[82] Shalaev V. M. Optical negative-index metamaterials[J]. Nature Photon, 2006, 1, 41-48.

[83] O'Brien S, Pendry J B. Magnetic activity at infrared frequencies in structured metallic metallic photonic crystals[J]. J Phys: Condensed Matter, 2002, 14: 6383-6394.

[84] Li J, Zhou L, Chan C T, et al. Photonic band gap from a stack of positive and negative index materials[J]. Physical Review Letters, 2003, 90: 083901-083901-4.

[85] Caloz C, Itoh T. Application of the transmission line theory of lefthanded(LH) materials to the realization of a microstrip "LH line"[C]. IEEE AP-S Int. Symp., SanAntonio, TX, 2002: 412-415.

[86] Iyer A K, Eleftheriades G V. Negative refractive index metamaterials supporting 2-D waves[C]. IEEE AP-S Int. Symp., SanAntonio, TX, 2002: 1067-1070.

[87] Lai A, Caloz C, Itoh T. Composite right/left-handed transmission line metamaterials[J]. IEEE Microwave Mag., 2004, 5(3): 34-50.

[88] Liu L, Caloz C, Itoh T. Dominant mode(DM) leaky-wave antenna with backfire-to-endfire scanning capability[J]. Electron. Lett., 2002, 38(23): 1414-1416.

[89] Anioniades M, Eleftheriades G V. Compact linear lead/lag metamaterial phase shifters for broadband applications[J]. IEEE Antennas Wireless Propag. Lett., 2003, 2(7): 103-106.

[90] Sanada A, Caloz C, Itoh T. Characteristics of the composite right/left-handed transmission lines[J]. IEEE Microw. Wireless Compon. Lett., 2004, 14(2): 68-70.

[91] Caloz C, Sanada A, Itoh T. A novel composite right-/left-handed coupled-line directional coupler with arbitrary coupling level and broad bandwidth[J]. IEEE Trans. Microw. Theory Tech., 2004, 52(3): 980-992.

[92] Lin I, DeVincentis M, Caloz C, et al. Arbitrary dual-band components using composite right/left-handed transmission lines[J]. IEEE Trans. Microw. Theory Tech., 2004, 52(4): 1142-1149.

[93] Sanada A, Caloz C, Itoh T. Zeroth order resonance in composite right/left-handed transmission line resonators[C]. Asia Pacific Microwave Conference (APMC) Digest, Seoul, Korea, 2003: 1588-1592.

[94] Rennings A, Liebig T, Otto S, et al. Highly directive resonator antennas based on composite right/left-handed (CRLH) transmission lines[C]. 2nd International ITG Conference on Antennas(MNCA) Digest, Munich, Germany, 2007: 190-194.

[95] Rennings A, Otto S, Caloz C, et al. Enlarged half-wavelength resonator antenna with enhanced gain[C]. IEEE International Symposium on Antennas and Propagation Digest, Washington, USA, 2005: 683-686.

[96] Hansen R C. Electrically Small, Superdirective, and Superconducting Antennas[M]. New York: Wiley Interscience, 2006.

[97] Lee C J, Leong K M K H, Itoh T. Composite right/left-handed transmission line based compact resonant antennas for RF module integration[J]. IEEE Trans. on Antennas and Propagation, 2006, 54(8): 2283-2291.

[98] Lai A, Leong K M K H, Itoh T. Infinite wavelength resonant antennas with monopolar radiation pattern based on periodic structures[J]. IEEE Trans. on Antennas and Propagation, 2007, 55(3): 868-876.

[99] Qureshi F, Antoniades M A, Eleftheriades G V. A compact and low-profile metamaterial ring antenna with vertical polarization[J]. IEEE Antennas Wireless Propag. Lett., 2005, 4(1): 333-336.

[100] Antoniades M A, Eleftheriades G V. A folded-monopole model for electrically small NRI-TL metamaterial antennas[J]. IEEE Antennas Wireless Propag. Lett., 2008, 7, 425-428.

[101] Zhu J, Eleftheriades G V. A compact transmission-line metamaterial antenna with

[102] Zhu J, Antoniades M A, Eleftheriades G V. A tri-band compact metamaterial-loaded monopole antenna forWiFi and WiMAX applications [C]. IEEE Antennas and Propagation Society Int. Symp., 2009: 1-4.

[103] Antoniades M A, Eleftheriades G V. A compact multi-band monopole antenna with a defected ground plane[J]. IEEE Antennas Wireless Propag. Lett., 2008, 7: 652-655.

[104] Zhu J, Eleftheriades G V. Dual-band metamaterial-inspired small monopole antenna for WiFi applications[J]. Electron. Lett., 2009, 45(22):1104-1106.

[105] Zhu J, Antoniades M A, Eleftheriades G V. A compact tri-band monopole antenna with single-cell metamaterial loading[J]. IEEE Transactions on Antennas and Propagation, 2010, 58(4): 1031-1038.

[106] Ziolkowski R W, Kipple A. Application of double negative materials to increase the power radiated by electrically small antennas[J]. IEEE Transactions on Antennas and Propagaton, 2003, 51(10): 2626-2640.

[107] Jin P, Ziolkowski R W. Metamaterial-inspired, electrically small huygens sources[J]. IEEE Antennas Wireless Propag. Lett., 2010,9(1):501-505.

[108] Jin P, Ziolkowski R W. High-directivity, electrically small, low-profile near-field resonant parasitic antennas [J]. IEEE AntennasWireless Propag. Lett., 2012, 11: 305-309.

[109] Jin D, Lin C C, Ziolkowski R W. Multifunctional, electrically small, planar near-field resonant parasitic antennas[J]. IEEE Antennas Wireless Propag. Lett., 2012, 11: 200-204.

[110] Engheta N. An idea for thin subwavelength cavity resonators using metamaterials with negative permittivity and permeability[J]. IEEE Antennas Wireless Propag. Lett., 2002, 1:10-13.

[111] Petko J S, Werner D H. Theoretical formulation for an electrically small microstrip patch antenna loaded with negative index materials[J]. IEEE Antennas and Propagation Society International Symposium, 2005, 3: 343-346.

[112] Alu A, Bilotti F, Engheta N, et al. Subwavelength planar leaky-wave components with metamaterials bilayers[J]. IEEE Transactions on Antennas and Propagaton, 2007, 55(3):882-891.

[113] Jiang T, Chen Y, Feng Y J. Subwavelength rectangular cavity partially filled with left-handed materials[J]. Chinese Physics, 2006, 15: 1154-1160.

[114] Jiang T, Zhao J M, Feng Y J. Planar sub-wavelength cavity resonator containing a bilayer of anisotropic metamaterials[J]. Applied Physics D, 2007,40(6):1821.

[115] 杨锐,谢拥军,王鹏,等.含有左手介质双层基底的亚波长谐振腔微带天线研究[J].物理学报,2007,56(8):4504-4508.

[116] Yang S Y, Kehn M N M. A bisected miniaturized ZOR antenna with increased bandwidth

and radiation efficiency[J]. IEEE Antennas Wireless Propag. Lett., 2013,12:159-162.

[117] Majedi M S, Attari A R. A compact and broadband metamaterial-inspired antenna[J]. IEEE Antennas Wireless Propag. Lett., 2013,12:345-348.

[118] Hajizadeh P, Hassani H R, Sedighy S H. Planar artificial transmission lines loading for miniturization of RFID printed quasi-yagi antenna[J]. IEEE Antennas Wireless Propag. Lett., 2013,12:464-467.

[119] Antoniades M A, Eleftheriades G V. A broadband dual-mode monopole antenna using NRI-TL metamaterial loading[J]. IEEE Antennas Wireless Propag. Lett., 2009,8(4): 258-261.

[120] Colladey S, Tarot A C, Pouliguen P, et al. Use of electromagnetic band gap materials for Rcs reduction[J]. Microwave and Opt Tech Lett., 2005, 44(6): 546-550.

[121] Li K, Zhu C, Li L, et al. Design of electrically small metamaterial antenna with ELC and EBG loading[J]. IEEE Antennas Wireless Propag. Lett., 2013, 12:678-681.

[122] Kang H, Lim S. Electric and magnetic mode-switchable dual antenna for null compensation[J]. IEEE Antennas Wireless Propag. Lett., 2013, 12:300-303.

[123] Raslan A R, Ibrahim A A, Safwat A M E. Resonant-type antennas loaded with CRLH unit cell[J]. IEEE Antennas Wireless Propag. Lett., 2013,12:23-26.

[124] Chiu S C, Lai C P, Chen S Y. Compact CRLH CPW antennas using novel termination circuits for dual-band operation at zeroth-order series and shunt resonances[J]. IEEE Transactions on Antennas and Propagaton, 2013, 61(3): 1071-1080.

[125] Xu H X, Wang G M, Qi M Q, et al. Analysis and design of two-dimensional resonant-type composite right/left-handed transmission lines with compact gain-enhanced resonant antennas[J]. IEEE Transactions on Antennas and Propagaton. 2013, 61(2):735-747.

[126] Mirzaei H, Eleftheriades G V. A compact frequency-reconfigurable metamaterial-inspired antenna[J]. IEEE antennas and Wireless Propagantion Letters, 2011, 10: 1154-1157.

[127] Zhu S Z, Holtby D G, Ford K L, et al. Compact low frequency varactor loaded tunable SRR antenna[J]. IEEE Transactions on Antennas and Propagaton, 2013, 61(4): 2301-2304.

[128] Collin R E, Zucker F J. Antenna Theory[M]. New York: McGraw Hill, 1969: Chapters 19-20.

[129] Johnson R C. Antenna Engineering Handbook[M]. Third Edition. New York: McGraw Hill, 1992: Chapter 10.

[130] Caloz C, Itoh T. Novel microwave devices and structures based on the transmission line approach of meta-materials[C]. IEEE International-Symposium on Microwave Theory and Techniques Digest, Philadelphia, USA, 2003: 195-198.

[131] Allen C A, Leong K M K H, Itoh T. 2-D frequency-controlled beam-steering by a leaky/guided-wave transmission line array[C]. IEEE International Symposium on Microwave Theory and Techniques Digest, San Francisco, USA, 2006:457-460.

[132] Kaneda T, Sanada A, Kubo H. 2D-beam scanning planar antenna array using composite right/left-handed leaky wave antennas[J]. MEICE Trans. on Electronics, 2006, 89(12): 1904-1911.

[133] Lee D, Lee S, Cheon C, et al. A two-dimensional beam scanning antenna array using composite right/left handed microstrip leaky-wave antennas[C]. Proc. Int. Microwave Symposium(IMS), Honolulu, USA, 2007: 1883-1886.

[134] Allen C A, Caloz C, Itoh T. A novel metamaterial-based two-dimensional conical-beam antenna[C]. IEEE international Symposium on Microwave Theory and Techniques Digest, Fort Worth, TX, USA, 2004: 305-308.

[135] Caloz C, Casares-Miranda F P, Camacho-Pefialosa C. Active metamnaterial structures and antennas[C]. Mediterranean Electrotechnical Conference (MELECON) Digest, Benalmidena, Spain, 2006: 268-271.

[136] Casares-Miranda F P, Camacho-Pefialosa C, Caloz C. High-gain active composite right/left-handed leaky-wave antenna[J]. IEEE Transactions on Antennas and Propagation, 2006, 54(8): 2292-2300.

[137] Abielniona S, Nguyen H V, Casares-Miranda F, et al. Real-time digital beam-forming active leaky-wave antenna[C]. IEEE Symposium on Antennas and Propagation Digest, Honolulu, USA, 2007: 5593-5596.

[138] Kodera Toshiro, Caloz Christophe. Uniform ferrite-loaded open waveguide structure with CRLH response and its application to a novel backfire-to-endfire leaky-wave antenna[J]. IEEE Trans. on Microwave Theory and Tech., 2009, 57(4): 784-795.

[139] Kodera T, Caloz C. Integrated leaky-wave antenna-duplexer/diplexer using CRLH uniform ferrite-loaded open waveguide[J]. IEEE Trans. on Antennas and Propagation, 2010, 58(8): 2508-2514.

[140] Meng F Y, Wu Q, Erni D, et al. Controllable metamaterial-loaded waveguides supporting backward and forward waves[J]. IEEE Transactions on Antennas and Propagation. 2011, 59(9): 3400-3411.

[141] Otto S, Rennings A, Solbach K, et all. Transmission line modeling and asymptotic formulas for periodic leaky-wave antennas scanning through broadside[J]. IEEE Transactions on Antennas and Propagaton, 2011, 59(10): 3695-3709.

[142] Liu Y H, Gu H F, Zhao X P. Enhanced transmission and high-directivity radiation based on composite right/left-handed transmission line structure[J]. IEEE Antennas and Wireless Propagation Letters, 2011, 10: 658-661.

[143] Cui L, Wu W, Fang D G. Printed frequency beam-scanning antenna with flat gain and low sidelobe levels[J]. IEEE Antennas and Wireless Propagation Letters, 2013, 12: 292-295.

[144] Zhou H, Pei Z B, Qu S B, et all. A novel high-directivity microstrip patch antenna based on zero-index metamaterial[J]. IEEE Antennas and Wireless Propagantion Letters,

2009, 8:538-541.

[145] Ma H F, Chen X, Xu H S, et al. Experiments on high-performance beam-scanning antennas made of gradient-index metamaterials[J]. Applied Physics Lett., 2009, 95: 094107-094107-3.

[146] Ma H F, Chen X, Yang X M, et al. Design of multibeam scanning antennas with high gains and low sidelobes using gradient-index metamaterials[J]. Journal of Applied Physics, 2010, 107: 014902-014902-9.

[147] 郭晓静,赵晓鹏,刘亚红,等.基于零折射率超材料的高定向性微带天线[J].电子技术应用,2011,37(6):110-112.

[148] 汤杭飞,王虎,郭晓静.利用负磁导率材料提高宽带微带天线增益[J].现代雷达,2011,33(4):58-61.

[149] Gregoire D J. 3-D conformal metasurfaces[J]. IEEE Antennas and Wireless Propagation Letters, 2013, 12(3): 233-236.

[150] Ma H F, Cai B G, Zhang T X, et al. Three-dimensional gradient-index materials and their applications in microwave lens antennas[J]. IEEE Transactions on Antennas and Propagation, 2013, 61(5): 2561-2569.

[151] Wu Q, Scarborough C P, Martin B G, et al. A Ku-band dual polarization hybrid-mode horn antenna enabled by printed-circuit-board metasurfaces[J]. IEEE Transactions on Antennas and Propagation, 2013, 61(3):1089-1098.

[152] Ramaccia D, Scattone F, Bilotti F, et al. Broadband compact horn antennas by using EPS-ENZ metamaterial lens[J]. IEEE Transactions on Antennas and Propagation, 2013, 61(6): 2929-2937.

[153] Scarborough C P, Wu Q, Werner D H, et al. Demonstration of an octave-bandwidth negligible-loss metamaterial horn antenna for satellite applications[J]. IEEE Transactions on Antennas and Propagation, 2013, 61(3): 1081-1088.

[154] Liu Z Z, Wang P, Zeng Z Y. Enhancement of the gain for microstrip antennas using negative permeability metamaterial on Low Temperature Co-Fired Ceramic (LTCC) substrate[J]. IEEE Antennas and Wireless Propagation Letters, 2013, 12: 429-433.

[155] Ko S T, Lee J H. Hybrid zeroth-order resonance patch antenna with broad-plane beamwidth[J]. IEEE Transactions on Antennas and Propagation, 2012, 61(1): 19-25.

[156] Sharawi M S, Khan M U, Numan A B, et al. A CSRR loaded MIMO antenna system for ISM band operation[J]. IEEE Transactions on Antennas and Propagation, 2013, 61(8): 4265-4274.

[157] Gheethan A A, Herzig P A, Mumcu G. Compact 2×2 coupled double loop GPS antenna array loaded with broadside coupled split ring resonators[J]. IEEE Transactions on Antennas and Propagation, 2013, 61(8): 4265-4274.

[158] Ketzaki D A, Yioultsis T V. Metamaterial-based design of planar compact MIMO monopoles[J]. IEEE Transactions on Antennas and Propagation, 2013, 61(5):

2758-2766.

[159] Liu T, Cao X Y, Gao J, et al. RCS reduction of waveguide slot antenna with metamaterial absorber[J]. IEEE Transactions on Antennas and Propagation, 2013, 61(3): 1479-1484.

[160] 林先其. 微波段新型人工电磁结构的实验与应用研究[D]. 南京: 东南大学, 2008.

第 2 章
新型人工电磁结构的理论方法及特性分析

2.1 前言

新型人工电磁结构的提出给学术界提供了一个崭新的探索空间。各种各样的新型人工电磁结构层出不穷,为设计丰富多样的、具有特异性能的微波器件和新型天线提供了全新的方案。在研究新型人工电磁结构在天线中的应用之前,首先要解决的问题是如何准确地获得人工电磁结构的各种特殊性质。比如,在满足亚波长尺寸条件下,如何从新型人工电磁结构单元中提取出电磁参数是分析人工电磁结构特性的基础,也是将其应用推广的关键。

根据工作机理的不同,通常可以将人工电磁结构分为两类,即谐振型结构和非谐振型结构。自从 J. B. Pendry 教授于 1996 年和 1999 年分别采用 Rod 阵列和 SRR 阵列在微波段实现具有等效负介电常数和等效负磁导率的人工媒质后[1-2],科学家对谐振型人工电磁结构进行了深入研究,出现了各种各样的电谐振结构和磁谐振结构,比如"工"字型(I型)结构、CSRR 和高介电常数块等电谐振式单元结构,以及单/双 SRR、Ω 型结构、S 型结构、单/双螺旋结构和高介电常数块等磁谐振式单元结构[3-9]。在这些结构中,"工"字型结构、SRR 结构及 CSRR 结构是谐振型人工电磁结构的典型代表,本章第 2.3 节将对这三种结构的电磁特性进行分析,为后文设计基于谐振型人工电磁结构的新型天线提供理论指导。

新型人工电磁结构的另一个重要创新就是 2002 年由 T. Itoh 教授和 G. V. Eleftheriades 教授分别提出的基于周期性 LC 网络实现的 CRLH TL[10-12]。与谐振型结构相比,以 CRLH TL 为代表的非谐振型结构是一种具有后向波特性的人工电磁结构,具有宽频带、低损耗、结构紧凑、易于加工等特点,可以与传统的平面电路相结合,实现诸多新型器件。

不同类型的人工电磁结构所采用的特性分析方法也有区别。对于谐振型结构,首先是 J. B. Pendry 教授采用了准静态场分析方法对周期排列金属线及 SRR 的宏观媒质参数进行了数值推导分析,从理论上验证了在一定条件下能够分别获得等效负介电常数和等效负磁导率。随后,上海交通大学周磊教授改进和完善了准静态法,使得开口谐振环的高阶谐振特性也能够被准确分析获得[13-15]。准静态场分析方法的缺陷在于,此类方法基于电磁场的精确分析,无法处理复杂结构问题,也不适用于更高频率情况。其他等效本构参数提取方法,如 T-矩形法、共振腔微扰法和同轴线法等方法对人工电磁结构单元设计和实验验证都具有重要的意义,但是对材料形状和测试条件限制较多,不利于推广。为此,J. A. Kong 和 D. R. Smith 等人提出了通过端口网络 S 参数来获得媒质参数,即 S 参数提取法[16-17]。而对于非谐振型人工电磁结构,因为其多为一维或二维的平面结构,我们一般采用的是广义传输线法进行分析[18-20]。后文的新型人工电磁结构天线的研究与设计中都会涉及这些方法的应用,为此我们在本章将对这两种分析方法做简要介绍[21]。

2.2 新型人工电磁结构的等效媒质参数提取

人工电磁结构作为微结构单元构成"等效均匀"的人工材料,必须要满足亚波长尺寸的条件,即

$$p < \lambda_g/4 \tag{2-1}$$

其中,p 为周期结构的单元长度。此时,单元结构对于入射电磁波的响应以反射和折射为主,人工电磁结构可以视为均匀等效媒质;当微结构单元不满足亚波长尺寸条件时,单元结构主要表现为散射和衍射响应,不能构成等效媒质。等效媒质的介电常数 ε 和磁导率 μ 分别反映了微结构单元对电场和磁场的响应。

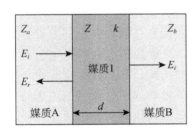

图 2-1 分层媒质示意图

如图 2-1 所示,将任意人工电磁结构视为等效媒质 1,左侧为媒质 A,右侧为媒质 B。Z_a,Z 和 Z_b 分别是这三个区域中媒质的特性阻抗。电磁波由媒质 A 中入射到媒质 1 中,Γ_1 和 T_1 分别是媒质 A 和媒质 1 的分界面处的反射系数和透射系数,Γ_2 和 T_2 分别是媒质 1 和媒质 B 的分界面处的反射系数和透射系数,则可得

$$\Gamma_1 = \frac{Z - Z_a}{Z + Z_a} \tag{2-2}$$

$$T_1 = 1 + \Gamma_1 = \frac{2Z}{Z + Z_a} \tag{2-3}$$

$$\Gamma_2 = \frac{Z_b - Z}{Z_b + Z} \tag{2-4}$$

$$T_2 = 1 + \Gamma_2 = \frac{2Z_b}{Z_b + Z} \tag{2-5}$$

则电磁波从媒质 A 入射到媒质 B 出射的传输矩阵为

$$\begin{bmatrix} E_i \\ E_r \end{bmatrix} = \frac{1}{T_1} \begin{bmatrix} 1 & \Gamma_1 \\ \Gamma_1 & 1 \end{bmatrix} \begin{bmatrix} e^{jkd} & 0 \\ 0 & e^{-jkd} \end{bmatrix} \frac{1}{T_2} \begin{bmatrix} 1 & \Gamma_2 \\ \Gamma_2 & 1 \end{bmatrix} \begin{bmatrix} E_t \\ 0 \end{bmatrix} \tag{2-6}$$

其中,d 为媒质 1 的厚度(即传播距离),展开上式可得

$$E_i = \frac{e^{jkd}}{T_1 T_2}(1 + \Gamma_1 \Gamma_2 e^{-2jkd}) E_t \tag{2-7}$$

$$E_r = \frac{e^{jkd}}{T_1 T_2}(\Gamma_1 + \Gamma_2 e^{-2jkd}) E_t \tag{2-8}$$

$$S_{11} = \frac{E_r}{E_i} = \frac{\Gamma_1 + \Gamma_2 e^{-2jkd}}{1 + \Gamma_1 \Gamma_2 e^{-2jkd}} \tag{2-9}$$

$$S_{21} = \frac{E_t}{E_i} = \frac{T_1 T_2 e^{-jkd}}{1 + \Gamma_1 \Gamma_2 e^{-2jkd}} \tag{2-10}$$

当媒质 A 和 B 为同一种媒质时,$Z_a = Z_b$,则有 $\Gamma_1 = -\Gamma_2 = \Gamma$,$T_1 = 1 + \Gamma$,$T_2 = 1 - \Gamma$,则式(2-9)和式(2-10)化简为

$$S_{11} = \frac{E_r}{E_i} = \frac{\Gamma(1 - e^{-2jkd})}{1 - \Gamma^2 e^{-2jkd}} \tag{2-11}$$

$$S_{21} = \frac{E_t}{E_i} = \frac{(1 - \Gamma^2) e^{-jkd}}{1 - \Gamma^2 e^{-2jkd}} \tag{2-12}$$

由式(2-11)和式(2-12)可得

$$\Gamma = \frac{S_{11}^2 - S_{21}^2 + 1}{2S_{11}} \pm \sqrt{\left(\frac{S_{11}^2 - S_{21}^2 + 1}{2S_{11}}\right)^2 - 1} \tag{2-13}$$

$$e^{-jkd} = \frac{S_{21}^2 - S_{21}^2 + 1}{2S_{21}} \pm \sqrt{\left(\frac{S_{21}^2 - S_{21}^2 + 1}{2S_{21}}\right)^2 - 1} \tag{2-14}$$

因为

$$Z = Z_a \frac{1 + \Gamma}{1 - \Gamma} \tag{2-15}$$

$$Z = Z_0 \sqrt{\frac{\mu_{eff}}{\varepsilon_{eff}}} \qquad (2\text{-}16)$$

其中，$Z = 120\pi$ 是空气的波阻抗，μ_{eff} 和 ε_{eff} 分别是媒质 1 的等效磁导率和等效介电常数。

由式(2-15)和式(2-16)可得

$$Z_{eff} = \sqrt{\frac{\mu_{eff}}{\varepsilon_{eff}}} = \frac{1+\Gamma}{1-\Gamma} \qquad (2\text{-}17)$$

将式(2-11)和式(2-12)中的 Γ 消掉，并令 $T = \mathrm{e}^{-jkd}$，可得

$$\frac{T^2+1}{2T} = \frac{S_{21}^2 - S_{11}^2 + 1}{2S_{21}} \triangleq x \qquad (2\text{-}18)$$

可得

$$T^2 - 2xT + 1 = 0 \qquad (2\text{-}19)$$

则

$$T = x \pm \sqrt{x^2 - 1}\ (\pm\ \text{的选取须保证}\ |T| \leqslant 1) \qquad (2\text{-}20)$$

又由 $T = \mathrm{e}^{-jkd}$，可得

$$n_{eff} = -\frac{1}{jk_0 d}[\ln|\mathrm{e}^{-jkd}| + j(\mathrm{angle}(T) + 2m\pi)],\ m = 0, \pm 1, \pm 2, \cdots$$

$$(2\text{-}21)$$

设等效媒质的折射率为 $n_{eff} = \pm\sqrt{\mu_{eff}\varepsilon_{eff}}$，由式(2-17)和式(2-21)两式可得媒质 1 的等效媒质参数为

$$\begin{cases} \varepsilon_{eff} = \dfrac{n_{eff}}{Z_{eff}} \\ \mu_{eff} = n_{eff} Z_{eff} \end{cases} \qquad (2\text{-}22)$$

从上面的推导可以看出，只要获得了模型的 S 参数就可以根据公式求出人工电磁结构媒质的等效介电常数和等效磁导率。

2.3 几种谐振型人工电磁结构的电磁特性分析

基于 PCB 工艺的微波器件大大降低了成本，也利于系统一体化、集成化设计。本节将利用上一节的等效媒质参数提取方法分析几种典型的印刷谐振型人

工电磁结构的电磁特性。

2.3.1 印刷 SRR 结构的电磁特性

开口谐振环结构种类繁多，包括单开口谐振环、双开口谐振环（含共面和异面、对称和非对称类型）、螺旋谐振环、圆形和方形开口谐振环等。其中方形对称单开口谐振环结构简单，是最为典型的一种，我们将对其电磁特性进行详细分析。

2.3.1.1 SRR 结构的磁负电磁特性(MNM)

将方形对称单 SRR 置于 TEM 波导中，如图 2-2 所示，电磁波的传播方向为 y 方向，分别设置 z 方向和 x 方向的波导壁为电壁（PEC）和磁壁（PMC）。此时，TEM 电磁波的磁场垂直穿过 SRR 所在的平面，从而激励起 SRR 的磁谐振。因为电壁的镜像作用，SRR 可以等效成沿 z 方向的 SRR 无限周期阵列。设长方体 TEM 波导和 SRR 的尺寸为：$d_x=6$ mm，$d_y=6$ mm，$d_z=7$ mm，$L_1=6$ mm，$L_2=4$ mm，$w=0.6$ mm，$g=0.51$ mm。SRR 印刷在厚度为 $h=1.5$ mm，介电常数为 $\varepsilon_r=2.2$ 的介质板上。如图 2-2(b)所示为方形 SRR 的传输特性曲线。以 S_{21} 值为 -10 dB 作为标准，在 5.2 GHz～6.45 GHz 的频段范围内电磁波不能传输，并在频率为 6.2 GHz 处出现最小的传输系数，此即为 SRR 的谐振频率。

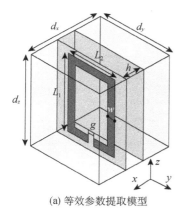
(a) 等效参数提取模型

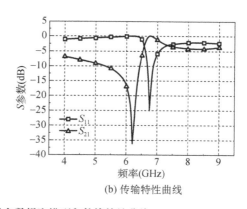
(b) 传输特性曲线

图 2-2　SRR 的等效参数提取模型和传输特性曲线

SRR 的谐振频率为 6.2 GHz，对应的波长为 48.4 mm，而周期 SRR 单元的尺寸为 6 mm×4 mm，显然满足亚波长的条件。根据上一节所介绍的等效媒质参数提取方法，可以由 SRR 的 S 参数提取出结构等效媒质参数。图 2-3(a)所示为 SRR 结构的等效介电常数。实部 $\text{Re}(\varepsilon_{eff})$ 比较小，尽管在频段 5.2 GHz～6.45 GHz 内出现了一个微弱的"抖动"（在 6 GHz 处出现极小值，然后迅速上升并在谐振点 6.2 GHz 处出现极大值，最后缓慢下降），但是在宽频带内保持为正值。虚部 $\text{Im}(\varepsilon_{eff})$ 在"抖动"频段为负值。可见，SRR 也存在电响应，但是强度较弱，损耗较小。

图 2-3(b) 所示为 SRR 的等效磁导率。实部 $\text{Re}(\mu_{eff})$ 在频段 6 GHz~6.7 GHz 为负值,因为频段内介电常数为正,所以该频段又称为 MNM 频带。$\text{Re}(\mu_{eff})$ 在 SRR 谐振频率 6.2 GHz 处出现负的峰值。虚部 $\text{Im}(\mu_{eff})$ 在频段内保持正值并且在 6 GHz 附近出现了正的峰值,这表明 SRR 的磁谐振存在一定的磁损耗,且在谐振点处最强。

图 2-3(c) 所示为 SRR 的等效折射率。实部 $\text{Re}(n)$ 在 6 GHz 处出现峰值,而在 MNM 频带内为零值。虚部 $\text{Im}(n)$ 在谐振点 6.2 GHz 处出现最大值,在偏离谐振点附近区域虚部接近零值,可见谐振区域外的频段较宽且损耗较小,是可以利用的频段。

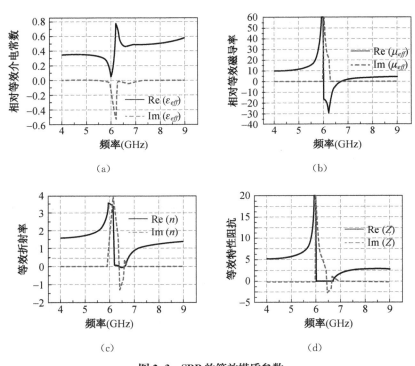

图 2-3 SRR 的等效媒质参数

图 2-3(d) 所示为 SRR 结构的等效特性阻抗。在谐振点处,实部 $\text{Re}(Z)$ 和虚部 $\text{Im}(Z)$ 同为极大值;而在 MNM 频带内,虚部 $\text{Im}(Z)$ 缓慢下降,而实部 $\text{Re}(Z)$ 则急剧下降并保持零值。这说明 TEM 波不能在 SRR 的 MNM 频带内传输。而在偏离谐振点附近区域实部不存在"抖动",且虚部接近零值,可见谐振区域外的频段是可以利用的频段。

2.3.1.2 SRR 结构的各向异性电磁特性

SRR 结构的各向异性特性是由结构的不对称性引起的,不同极化的入射电磁波对 SRR 结构的电磁响应不同。下面通过 SRR 的电场分布、传输特性和等效媒质参数来研究在六种极化电磁波条件下结构的各向异性电磁特性。

在图 2-4(a)和(b)中，入射电磁波的磁场垂直于 SRR 所在的平面，激励起 SRR 的磁谐振。图 2-4(a)和(b)的电场分别平行和垂直于环中心和缺口中心的连接线方向。图 2-4(a)极化环境与图 2-3 中相同，从中间沿电场方向剖开后结构左右对称，可知其电场分布也是对称的。根据左右回路电流反向易得结构的电响应是相抵消的。而对于电场垂直情况，将 SRR 从中间位置沿电场方向剖开，不对称的上下两侧结构使得结构激励起完全不对称的电场分布，从而能够产生明显的电谐振。结合 SRR 本身的强磁响应，此时 SRR 结构为相互耦合的电磁响应。图 2-4(a)和(b)右侧为两种情况下结构的传输和等效媒质特性。SRR 在谐振频率附近呈阻带，等效磁导率为负值，图 2-4(a)的等效介电常数出现了很小的"抖动"，这种"抖动"是以结构的磁谐振作为二次源激励起的微弱电响应引起的[图 2-4(c)将进一步说明]，这也是结构电场分布图不严格对称的原因，然而微弱电响应并没有改变等效介电常数的属性，其依然保持为正值。对于电场垂直情况，结构在谐振频率为 6.2 GHz 处的电场分布如图 2-4(b)所示。可见电场分布基本上对称于传播常数 k 的方向，电场分布密度在缺口附近最大，而在与缺口相对的位置电场分布密度最小。此外在谐振频率附近结构呈现出阻带传输特性，电响应使得等效介电常数接近于零；而磁谐振则使等效磁导率在该频带出现正的峰值。尽管结构对 TEM 波的电场和磁场都产生响应，但是两个单负的频段没有重合，可见单独的 SRR 未能形成等效介电常数和磁导率同时为负值的左手媒质。

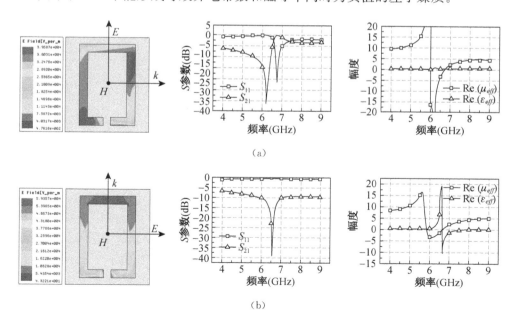

(a)

(b)

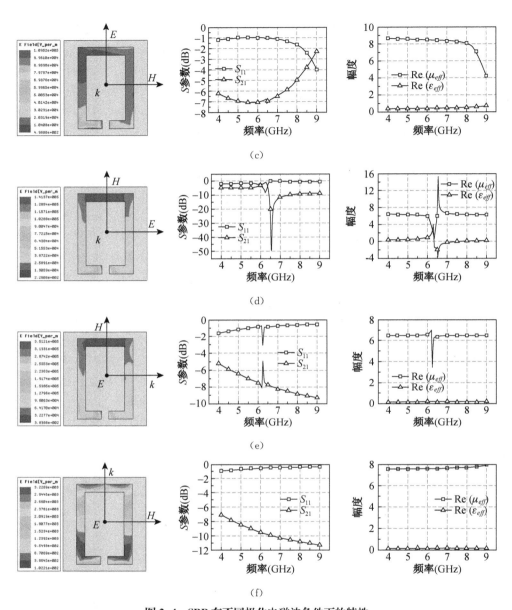

图 2-4 SRR 在不同极化电磁波条件下的特性
（左:谐振点电场分布;中:S 参数;右:电磁响应）

如图 2-4(c) 和 (d) 所示,入射波的磁场平行于结构所在的平面,因此不能激励起结构的磁响应。图 2-4(c) 中的电场与图 2-4(a) 的情况相同,平行于环中心和缺口中心的连接线方向,此时电场分布沿电场方向对称,说明图 2-4(a) 中不对称的电场分布不是由入射波的电场引起的。结构的传输和等效媒质特性在

图 2-4(c)的右侧。等效介电常数和磁导率在整个频段保持不变,SRR 对入射电磁波无响应,从而也说明图 2-4(a)中介电常数的"抖动"是由结构自身的磁谐振产生的而不是由电场引起的。在图 2-4(d)中,电场垂直于环中心和缺口中心的连接线方向,故激励起结构的电谐振。图 2-4(d)右侧为结构的传输和等效媒质特性。在谐振频率附近,SRR 的等效介电常数为负值而等效磁导率出现了一定的"抖动",这是由结构的电谐振作为二次源激励起的磁响应。通过对比可知,结构在图 2-4(a)中磁响应与在图 2-4(d)中电响应的等效媒质参数呈现出对偶的特性。

在图 2-4(e)和(f)中,电场垂直于 SRR 所在的平面,等效介电常数和磁导率在整个频段基本保持不变,因此 SRR 对入射电磁波无明显响应。图 2-4(e)中,结构等效磁导率的实部 $\text{Re}(\mu_{eff})$ 在频带内保持正值,而只在频段 6 GHz～6.2 GHz 内出现了微弱的磁响应,表现为一个微弱的"抖动",这主要是由结构的非对称性引起的。

通过上面的分析,可以得到三点结论:

(1) 单方形 SRR 具有各向异性的电磁特性,在不同的传播方向和不同的极化特性的入射电磁波激励下,SRR 可以等效成磁谐振单元,也可以等效成电谐振单元。

(2) 在 SRR 的谐振点附近频段区域结构的电磁特性往往会发生突变,频段较窄,损耗较大,且不易控制,而在离开谐振点的区域,SRR 的电磁特性较为稳定,且频段较宽,损耗较小,也利于控制。

(3) 由各向异性的 SRR 构成的人工电磁结构材料也是各向异性的,为了找到适合提高天线性能的人工电磁结构,需要结合人工电磁结构的各向异性特性和具体天线的具体极化特性来分析。

2.3.1.3 SRR 结构的结构参数特性

SRR 结构的磁谐振依赖于自身结构的谐振,因此对 SRR 结构进行参数分析对理解结构特性具有重要的意义。下面分别分析 SRR 的结构尺寸(环的长度 L_1,环的宽度 L_2,条带的宽度 w,缺口宽度 g)和基板参数(基板厚度 h,基板介电常数 ε_r)对 SRR 磁谐振(通过提取 SRR 的等效磁导率)的影响。

采用图 2-2 的 SRR 的等效参数提取模型,SRR 的结构参数对其等效磁导率的影响如图 2-5 所示。由图可知,SRR 的各个结构参数对其等效磁导率均有一定的影响。特别是环的长度 L_1 和宽度 L_2 对 SRR 谐振频率的影响最大。环的长度和宽度越大,环上的环流形成的电感越大,SRR 的谐振频率越往低频降。环条带的宽度 w 和缺口宽度 g 对谐振频率也较为敏感。环的电感值与环条带的宽度成反比,环条带的宽度越大,谐振频率越往高频升。缺口的大小决定了 LC 谐振电路中的电容,缺口越小,电容越大,SRR 的谐振频率越往低频降。当 g 非常小时,电容将很大,使得 SRR 能够完全满足亚波长的条件,SRR 的结构可以等效为均一的人工媒质。介质基板的材料参数对 SRR 等效磁导率也有一定的影响。如

图 2-6(a)所示，SRR 的谐振频率随着基板厚度的增加稍微下移，但是变化很小。因此，基板厚度对 SRR 磁谐振的影响很小。而如图 2-6(b)所示，结构的谐振频率随着基板介电常数的增大往低频移动，且负等效磁导率的频带也逐渐变窄，但是，当介电常数进一步增大时，SRR 谐振频率的下降速度将逐渐放缓。因此，可以采用提高基板介电常数的方法进一步减小 SRR 结构的电尺寸。

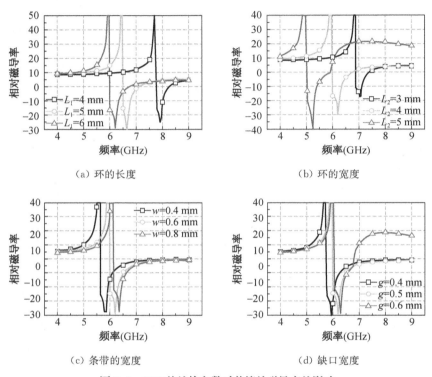

图 2-5　SRR 的结构参数对其等效磁导率的影响

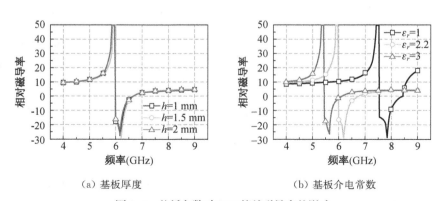

图 2-6　基板参数对 SRR 等效磁导率的影响

2.3.2 印刷 CSRR 结构的电磁特性

根据对偶性原理,将 SRR 的介质缝隙替换为金属平面,而将原 SRR 的金属结构替换为介质缝隙,可以形成 SRR 的互补结构——互补开口谐振环(CSRR,Complementary Split Ring Resonator)[22-23],如图 2-7 所示。CSRR 是 F. Falcone 等人根据巴比涅(Babinet)原理设计的与 SRR 拥有完全对偶的电磁性质的人工电磁结构[24-25]。当入射波的电场平行于 CSRR 的轴线时,可以得到介电常数为负的等效媒质[26-27]。

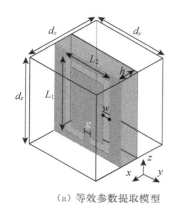
(a) 等效参数提取模型

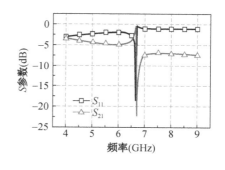
(b) 传输特性曲线

图 2-7 CSRR 的等效参数提取模型和传输特性曲线

2.3.2.1 CSRR 结构的电负电磁特性(ENM)

对于 CSRR,如图 2-7 所示,电磁波沿 y 方向入射,理想磁壁置于 z 轴方向,理想电壁置于 x 轴方向,以保证激励起 CSRR 的电响应。长方体 TEM 波导和 CSRR 具有和 SRR 相同的尺寸:$d_x=6$ mm,$d_y=6$ mm,$d_z=7$ mm,$L_1=6$ mm,$L_2=4$ mm,$w=0.6$ mm,$g=0.51$ mm。CSRR 刻蚀在厚度为 $h=1.5$ mm,介电常数为 $\varepsilon_r=2.2$ 的介质板上。CSRR 的传输特性仿真结果如图 2-7 所示。可见,相同尺寸下 CSRR 的谐振频率比 SRR 的高一点。这是因为对偶性只有是建立在理想条件下,即 CSRR 和 SRR 均刻蚀在无限大的理想金属面和无限厚或无限薄的介质基板上,此时两种结构的谐振频率才完全相等。但在实际加工和设计中,金属面往往有限大而介质基板的厚度也通常有限,所以二者的谐振频率存在微小的差异。CSRR 的谐振频率为 6.7 GHz,对应的波长为 44.8 mm,周期 SRR 单元的尺寸为 6 mm×4 mm,显然仍然满足亚波长的条件。

下面我们主要研究 CSRR 等效媒质参数的性质。

如图 2-8 所示为 CSRR 的等效媒质参数。由图 2-8(a)可知,6.7 GHz~6.85 GHz 频段为 CSRR 等效介电常数的实部 $\mathrm{Re}(\varepsilon_{eff})$ 为负值的频段,即为 ENM

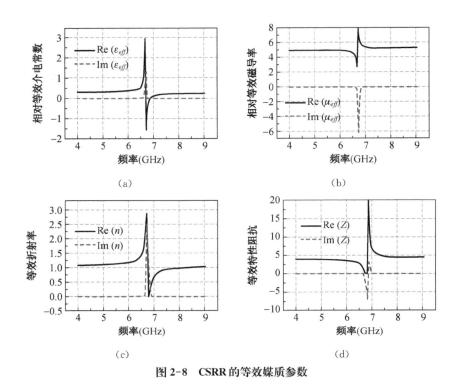

图 2-8 CSRR 的等效媒质参数

频带。实部 $Re(\varepsilon_{eff})$ 在 CSRR 的谐振频率 6.7 GHz 处出现负的峰值,与传输系数最小值的频点位置一致。CSRR 等效介电常数的虚部 $Im(\varepsilon_{eff})$ 在谐振频率附近为正值,表明 CSRR 的电谐振存在电损耗。在图 2-8(b)中,以 CSRR 的电谐振作为二次源激励起了微弱的磁响应,使得等效磁导率的实部 $Re(\mu_{eff})$ 在 ENM 频带出现了一个微弱的"抖动",但是在频带内保持了正值。虚部 $Im(\mu_{eff})$ 在谐振频率附近出现了一个负的峰值,可见结构的磁谐振产生了磁损耗。在图 2-8(c)中,等效折射率的实部 $Re(n)$ 在 ENM 频带接近零值,而虚部 $Im(n)$ 在频带内为正值,且在谐振频率处出现峰值后迅速下降。图 2-8(d)所示结构的等效特性阻抗的实部 $Re(Z)$ 在 ENM 频带接近零值并随后急剧上升再缓慢降落。虚部 $Im(Z)$ 则在 ENM 频带内缓慢减小,随后急剧上升再回落。实部 $Re(Z)$ 和虚部 $Im(Z)$ 都在 6.85 GHz 附近出现极值。从而验证了 CSRR 在阻带位置呈现出 ENM 的电磁特性。

通过对比可知,虽然 SRR 和 CSRR 的谐振中心有略微偏差,但是二者的等效媒质参数曲线几乎是对偶的,从而验证了原理。

2.3.2.2 CSRR 结构的各向异性电磁特性

根据 CSRR 与 SRR 的对偶性,因为 SRR 结构存在各向异性,所以可以推测 CSRR 结构也必然存在各向异性的电磁特性。CSRR 各向异性的电磁响应如图 2-9 所示。

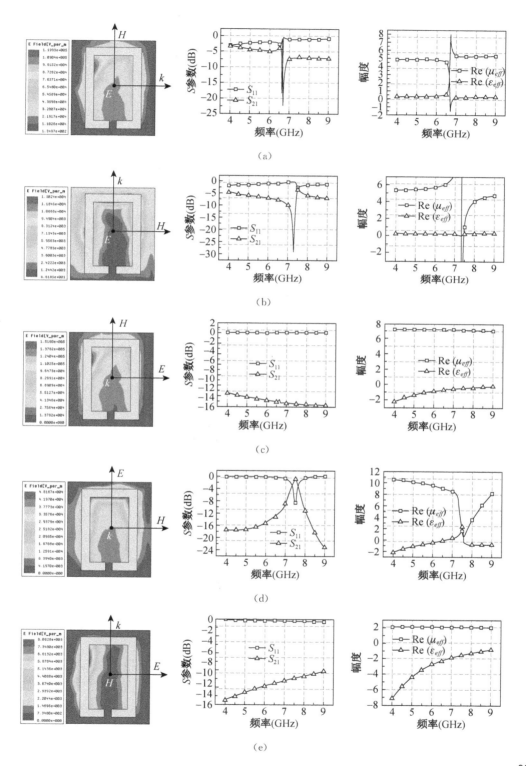

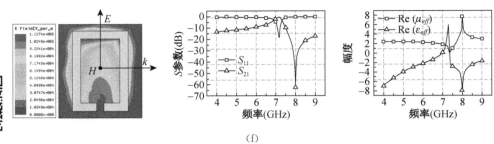

(f)

图 2-9 CSRR 在不同极化条件下的特性

(左:谐振点电场分布;中:S 参数;右:电磁响应)

在图 2-9(a)和(b)中,入射电磁波的电场垂直于结构所在平面,当磁场平行于 CSRR 结构中心和细金属条带中心的连接线方向时,如图 2-9(a)所示,从中间沿磁场方向剖开后结构左右对称,可知磁场分布也是对称的,CSRR 对入射波电场的磁谐振是相抵消的。此时 CSRR 只工作在电响应的状态,电磁特性与图 2-8 相同。当磁场垂直于 CSRR 结构中心和细金属条带中心的连接线方向时,如图 2-9(b)所示,入射电磁波的电场激励起 CSRR 的电谐振,同时结构的非对称性使得 CSRR 对入射波的磁场也产生较为明显的磁谐振。可见,结构对电场和磁场都有响应,能够产生相互耦合的电磁谐振。

在图 2-9(c)和(d)中,电磁波从 CSRR 所在平面垂直入射,因为电场平行于结构表面,所以不能激励起 CSRR 的电谐振,但是不影响激励起 CSRR 的电等离子体谐振。此时 CSRR 等效介电常数与金属带线的情况相似,为连续且平滑的负值,传输系数在整个频段保持阻带。当磁场平行于 CSRR 结构中心和细金属条带中心的连接线方向时,如图 2-9(c)所示,结构对称使得 CSRR 的磁响应是相抵消的。此时等效磁导率保持均匀的正值,说明 CSRR 只工作于电等离子体谐振的状态。当磁场垂直于 CSRR 结构中心和细金属条带中心的连接线方向时,如图 2-9(d)所示,结构的非对称性将激励起磁响应,加上电等离子体谐振的共同作用下形成了相互耦合的电磁响应。结构在 7.5 GHz 附近出现一段极窄的通带。等效介电常数在谐振点附近出现一个正的峰值;对应地,等效磁导率在谐振区域先降后回升,保持非负。结构在谐振区域是传输通带,而通带两侧均为阻带。

在图 2-9(e)和(f)中,入射波的磁场垂直于结构平面,不能直接激励起 CSRR 的电谐振,但是由于电场平行于 CSRR 所在的平面,所以能够激励起 CSRR 的电等离子体谐振。如图 2-9(e)所示,等效介电常数呈现出连续且平滑的负值,而等效磁导率保持均匀的正值,此时与图 2-9(c)类似,CSRR 对入射电磁波无明显响应。图 2-9(f)与图 2-9(d)类似,CSRR 的等效磁导率的实部 $Re(\mu_{eff})$ 在整个频带都保持正值,但是在频段 7 GHz~8.5 GHz 内出现了"抖动",是微弱的磁响应,而等效介电常数的实部 $\mathrm{Re}(\varepsilon_{\mathit{eff}})$ 在 7.3 GHz 的位置出现一个正的尖峰,随后迅速下降到负值。结构在谐振频率附近是传输通带,而通带两侧均为阻带。但是在磁响应与电等离子体响应相互耦合作用下的 CSRR 结构并不能构成左手媒质。

通过上面的分析,可以得出以下结论:

(1) CSRR 结构与 SRR 具有完全的对偶性。

(2) 单方形 CSRR 也具有各向异性的电磁特性,在不同的传播方向和不同的极化特性的入射电磁波激励下,CSRR 可以等效成磁谐振单元,也可以等效成电谐振单元。

(3) 与 SRR 不同的是,当电场平行于 CSRR 结构平面时,CSRR 的电等离子体谐振能够得到激励。这样增加了 CSRR 结构的又一控制因素。

(4) CSRR 谐振点附近结构的电磁特性有突变,频段窄,损耗大,不易控制,而在离开谐振点的附近区域,特性较为稳定,频段宽,损耗小,是可以考虑利用的频带。

2.3.2.3 CSRR 结构的结构参数特性

因为 CSRR 结构与 SRR 结构具有完全的对偶性,所以 CSRR 的结构参数与 SRR 的结构参数也具有相同的特性。不同的是金属环结构参数对应于缝隙环结构参数,而谐振特性表现为 CSRR 结构的等效介电常数特性。环缝的长度 L_1 和宽度 L_2 对 CSRR 谐振频率的影响最大。环缝的长度和宽度越大,CSRR 的谐振频率越往低频降。环缝条带的宽度 w 和缺口宽度 g 对谐振频率也较为敏感。环条带的宽度越大,谐振频率越往高频升,缺口越小,谐振频率越往低频降。介质基板参数对 CSRR 等效介电常数也有一定的影响。CSRR 的谐振频率随着基板厚度 h 的增加变化很小,但是随着基板介电常数 ε_r 的增大而迅速下降。因此,提高基板介电常数是减小 CSRR 结构的电尺寸的有效方法。

2.3.3 印刷"工"字型谐振结构的电磁特性分析

"工"字型谐振结构,是一种较为实用的弱谐振结构,因为其形状类似于中文里的"工"字而得名(英文也称为 I-shape 或 cut wire),如图 2-10 所示。"工"字型结构简单,带宽较宽。下面对该结构进行全波仿真和等效媒质参数提取来分析其电磁特性。

2.3.3.1 "工"字型谐振结构的电负电磁特性(ENM)

如图 2-10 所示,电磁波沿 y 方向入射,理想磁壁置于 x 轴方向,理想电壁置于 z 轴方向,保证激励起"工"字型结构的电响应。TEM 波导和单元结构尺寸如下:$d_x=6$ mm,$d_y=6$ mm,$d_z=7$ mm,$L_1=5$ mm,$L_2=5$ mm,$w=0.6$ mm。结构刻蚀在厚度 $h=1.5$ mm,介电常数为 $\varepsilon_r=2.2$ 的介质板上。传输特性曲线如图 2-10(b)所示,结构谐振频率为 6.8 GHz,对应波长为 44.1 mm,而单元的尺寸为 6 mm×4 mm,仍满足亚波长的条件。

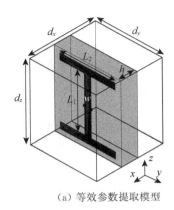
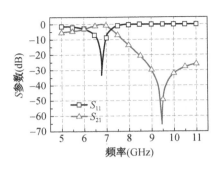

(a) 等效参数提取模型 (b) 传输特性曲线

图 2-10 "工"字型谐振结构的等效参数提取模型和传输特性曲线

"工"字型谐振结构的等效媒质参数如图 2-11 所示。在图 2-11(a)中,"工"字型谐振结构能够产生电等离子体谐振,等效介电常数的实部 $\mathrm{Re}(\varepsilon_{eff})$ 为负值的频段很宽,从 6.95 GHz 一直延展到 11 GHz 甚至更高的频段。结构等效介电常数的虚部 $\mathrm{Im}(\varepsilon_{eff})$ 保持为正值且在 6.95 GHz 处达到最大值,这表明结构的电谐振存在电损耗。在图 2-11(b)中,以结构的电谐振作为二次源激励起微弱的磁响应,等效磁导率的实部 $\mathrm{Re}(\mu_{eff})$ 在频带内保持正值且在 ENM 频带出现了"抖

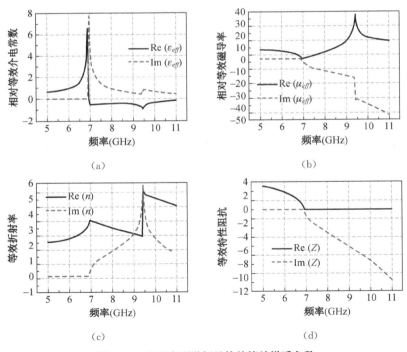

图 2-11 "工"字型谐振结构的等效媒质参数

动",但并没有改变等效磁导率的正值属性,虚部 $\text{Im}(\mu_{eff})$ 在谐振频段内保持负值,说明磁响应呈现出磁损耗。在图 2-11(c)中,等效折射率的实部 $\text{Re}(n)$ 和虚部 $\text{Im}(n)$ 在频带内均保持为正。在图 2-11(d)中,等效特性阻抗的实部 $\text{Re}(Z)$ 在 ENM 频带内保持零值,虚部 $\text{Im}(Z)$ 保持非正。实部 $\text{Re}(Z)$ 和虚部 $\text{Im}(Z)$ 都在 6.95 GHz 附近出现明显值域变化。这些都证明了"工"字型谐振结构在 ENM 频段内呈现带阻电磁特性。

2.3.3.2 "工"字型谐振结构的各向异性电磁特性

下面对"工"字型谐振结构各向异性的电磁响应进行详细分析,如图 2-12 所示。

在图 2-12(a)和(b)中,磁场均垂直于"工"字型结构平面,当入射电磁波的电场平行于"工"字型结构竖杠方向时,如图 2-12(a)所示,结构工作在电谐振的状态。以结构的电谐振作为二次源激励起微弱的磁响应,这与图 2-11 中结构的电磁特性完全相同,不再赘述。当电场和磁场均垂直于结构竖杠方向时,如图 2-12(b)所示,既不能激励起电谐振,也不能激励起磁谐振,此时等效介电常数和等效磁导率的实部在频段内均保持基本稳定的正值。

在图 2-12(c)和(d)中,电磁波的电场均垂直于"工"字型结构平面,所以不能激励起电谐振。当磁场平行于结构竖杠方向时,如图 2-12(c)所示,结构对称使得"工"字型结构对磁场的响应是相抵消的,所以也不能激励起磁谐振。等效介电常数和等效磁导率的实部在频段内均保持基本稳定的正值,验证了结论。而当磁场垂直于结构竖杠方向时,如图 2-12(d)所示,等效磁导率的实部 $\text{Re}(\mu_{eff})$ 在频段 7 GHz~7.5 GHz 内出现了一个窄带的"抖动",可见,结构出现了微弱的磁响应,此时"工"字型结构就像两个开口环背靠背连接,所以能够产生磁谐振。

在图 2-12(e)和(f)中,入射电磁波的传播方向为垂直"工"字型结构所在的介质板平面,当电场垂直于结构竖杠方向,磁场平行于结构竖杠方向时,如图 2-12(e)所示,与图 2-12(c)一样,等效介电常数和等效磁导率的实部在频段内均保持基本稳定的正值,不能激励起电谐振,也不能激励起磁谐振。而当电场平行于结构竖杠方向,磁场垂直于结构竖杠方向时,如图 2-12(f)所示,既能够产生较宽的电等离子体谐振频段,也能够像图 2-12(d)一样产生微弱的磁响应。此时等效磁导率的实部 $\text{Re}(\mu_{eff})$ 出现了"抖动",但是保持了正值。

通过对"工"字型结构的分析,可以得出以下结论:

(1)"工"字型结构是一种弱谐振结构,在非谐振频段内参数的值变化非常缓慢,从而可以实现很宽的工作频段。

(2)"工"字型结构也具有各向异性的电磁特性,在不同的传播方向和不同的极化特性的入射电磁波激励下,"工"字型结构的电磁响应不同,但是"工"字型结构只具有纯电响应,并不能产生明显的磁负响应,从而易于控制和设计。事实上,根据"工"字型结构的上下和左右对称性,该结构具有双各向异性特性,由上面的分析也可验证该结论。

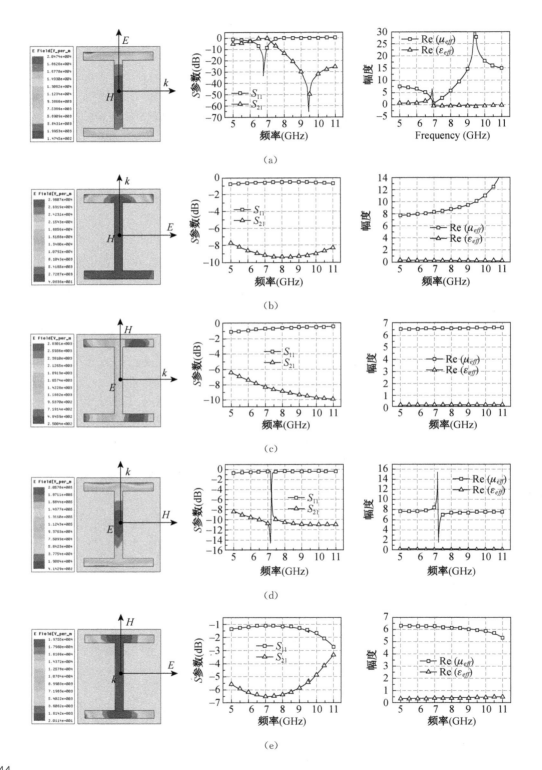

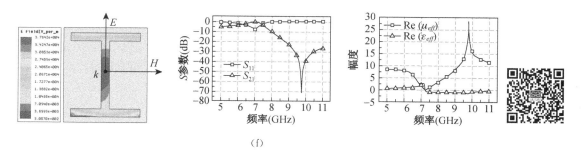

(f)

图 2-12 "工"字型结构在不同极化条件下的特性(左:谐振点电场分布;中:S 参数;右:电磁响应)

（3）利用"工"字型结构的电负特性与磁负材料如 SRR 或 CSRR 组合可以构造出平面左手材料。

2.3.3.3 "工"字型结构的结构参数特性

"工"字型结构简单,参数性能容易控制,如图 2-13、图 2-14 所示。"工"字型结构的竖杠长度 L_1 和横杠长度 L_2 对结构谐振频率的影响最大。竖杠和横杠长度越大,"工"字型结构的谐振频率越往低频降。相比之下,竖杠的影响更大,带来

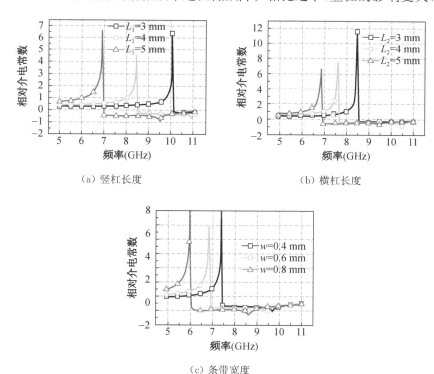

(a) 竖杠长度　　　　　　　(b) 横杠长度

(c) 条带宽度

图 2-13 "工"字型结构参数对其等效介电常数的影响

的频率偏移更明显。条带的宽度 w 对谐振频率也较为敏感。环条带的宽度越大,谐振频率越往低频降。介质基板的材料参数对"工"字型结构等效介电常数也有一定的影响。结构的谐振频率随着基板厚度 h 的增加变化很小,但是随着基板介电常数 ε_r 的增大而迅速下降。因此,提高基板介电常数也是减小"工"字型结构的电尺寸的有效方法。

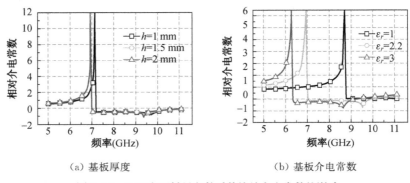

(a) 基板厚度　　　　　(b) 基板介电常数

图 2-14　"工"字型材料参数对其等效介电常数的影响

2.4　非谐振型人工电磁结构的电磁特性分析

2004 年,T. Itoh 教授和 G. V. Eleftheriades 教授分别出版专著[19-20]对非谐振型人工电磁结构复合左右手传输线(CRLH TL)进行了详细的阐述和分析,开启了研究这一平面人工电磁结构的序幕。下面对非谐振型人工电磁结构的等效媒质理论进行介绍。

如图 2-15 所示,首先建立右手传输线(RH TL)模型。把 RH TL 分割成无数段无穷短的线段并由分布参量描述,则在微观上 RH TL 遵循基尔霍夫定律。RH TL 单元可等效成串联电感 L_R 和并联电容 C_R 的级联集总电路,等效电路如图 2-15(a)所示。

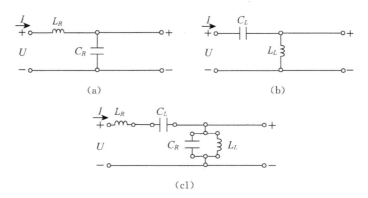

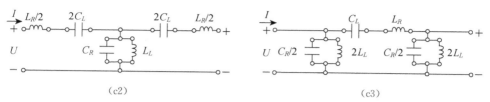

图 2-15 广义传输线:(a) 右手传输线(RH TL)的等效电路;(b) 左手传输线(LH TL)的等效电路;(c) 复合左右手传输线(CRLH TL)的等效电路,(c1) L 型(c2)T 型(c3)Π 型

则串联电路阻抗为 $Z_R = j\omega L_R$,并联电路导纳为 $Y_R = j\omega C_R$,电报方程为

$$\begin{cases} \dfrac{\partial U}{\partial z} = -Z_R I \\ \dfrac{\partial I}{\partial z} = -Y_R U \end{cases} \tag{2-23}$$

我们知道,TEM 波(沿 $+z$ 方向传播的 x 方向极化电磁波)的电场矢量、磁场矢量与传播矢量在均匀各向同性的右手媒质中传播时彼此相互正交。根据 Maxwell 方程组,场表达式可以写成

$$\begin{cases} \dfrac{\partial E_x}{\partial z} = -j\omega\mu_0\mu_{eff}H_y \\ \dfrac{\partial H_y}{\partial z} = -j\omega\varepsilon_0\varepsilon_{eff}E_x \end{cases} \tag{2-24}$$

将式(2-23)和式(2-24)两式进行对比,电路的电报方程与电磁场的波动方程的差分形式完全相同,可见电压波在 RH TL 上的传播特性与电磁波在右手媒质中的传播特性是相同的,认为二者是等价性的。因此,右手媒质中电磁波的传播特性可以利用 RH TL 上电压波的传播特性进行等效,并且可以通过传输线的等效媒质参数来研究右手媒质的电磁特性。RH TL 的等效介电常数和磁导率分别写成

$$\begin{cases} \mu_{eff} = \dfrac{Z_R}{j\omega\mu_0} = \dfrac{L_R}{\mu_0} > 0 \\ \varepsilon_{eff} = \dfrac{Y_R}{j\omega\varepsilon_0} = \dfrac{C_R}{\varepsilon_0} > 0 \end{cases} \tag{2-25}$$

根据对偶原理,将 RH TL 等效电路中的串联阻抗和并联导纳交换位置,得到如图 2-15(b)所示的 LH TL 等效电路。其中串联电路阻抗为 $Z_L = 1/j\omega C_L$,并联电路导纳为 $Y_L = 1/j\omega L_L$,根据电报方程与波动方程的等效性,可得左手媒质的

等效媒质参数为

$$\begin{cases} \mu_{eff} = \dfrac{Z_L}{j\omega\mu_0} = -\dfrac{1}{\omega^2\mu_0 C_L} < 0 \\ \varepsilon_{eff} = \dfrac{Y_L}{j\omega\varepsilon_0} = -\dfrac{1}{\omega^2\varepsilon_0 L_L} < 0 \end{cases} \quad (2\text{-}26)$$

可见左手媒质的等效介电常数和磁导率均为负。

实际上理想的 LH TL 在物理上是不存在的,因为在实际的 LH TL 中,不可避免地存在 RH TL 的寄生效应(串联电感和并联电容),这就是 CRLH TL,如图 2-15(c)所示。此时串联电路阻抗和并联电路导纳分别为

$$\begin{cases} Z = Z_R + Z_L = j\omega L_R + \dfrac{1}{j\omega C_L} \\ Y = Y_R + Y_L = j\omega C_R + \dfrac{1}{j\omega L_L} \end{cases} \quad (2\text{-}27)$$

等效媒质的等效电磁参数为

$$\begin{cases} \mu_{eff} = \dfrac{Z}{j\omega\mu_0} = \left(L_R - \dfrac{1}{\omega^2 C_L}\right)\big/\mu_0 \\ \varepsilon_{eff} = \dfrac{Y}{j\omega\varepsilon_0} = \left(C_R - \dfrac{1}{\omega^2 L_L}\right)\big/\varepsilon_0 \end{cases} \quad (2\text{-}28)$$

值得一提的是,CRLH TL 模型有三种基本周期电路模型,分别为 L 型、T 型和 Π 型。这里介绍的 L 型是非对称结构,T 型和 Π 型则为对称型结构。对称型结构的优势在于能够避免左视和右视阻抗不一致的问题,后面的章节中将会利用到对称型结构分析天线的色散特性。事实上,三种结构均能准确分析 CRLH TL 的电磁特性。

根据式(2-28),我们可以得到如下结论:

(1) 由串联电感 L_R 和串联电容 C_L 组成的串联谐振回路决定了等效磁导率 μ_{eff} 随频率的变化趋势;而由并联电容 C_R 和并联电感 L_L 组成的并联谐振回路决定了等效介电常数 ε_{eff} 随频率的变化趋势。

(2) 若令串联谐振频率为 $\omega_{se} = 1/(C_L L_R)^{1/2}$,并联谐振频率为 $\omega_{sh} = 1/(C_R L_L)^{1/2}$,则在两个谐振频点上分别对应于 $\mu_{eff} = 0$ 和 $\varepsilon_{eff} = 0$。当 $\omega < \omega_{se}$ 时,$\mu_{eff} < 0$,而当 $\omega > \omega_{se}$ 时,$\mu_{eff} > 0$;相应地,当 $\omega < \omega_{sh}$ 时,$\varepsilon_{eff} < 0$,而当 $\omega > \omega_{sh}$ 时,$\varepsilon_{eff} > 0$。

(3) 当 $\omega < \min(\omega_{sh}, \omega_{se})$ 时，μ_{eff} 和 ε_{eff} 同时为负，CRLH TL 在该频段可以看作等效左手材料；当 $\min(\omega_{sh}, \omega_{se}) < \omega < \max(\omega_{sh}, \omega_{se})$ 时，μ_{eff} 和 ε_{eff} 二者之一为负，此时 CRLH TL 可以看作单负材料；而当 $\omega > \max(\omega_{sh}, \omega_{se})$ 时，μ_{eff} 和 ε_{eff} 同时为正，CRLH TL 在该频段可以看作等效右手材料。

(4) 根据 ω_{se} 和 ω_{sh} 的大小关系可以将 CRLH TL 结构分为两种状态：当 $\omega_{sh} \neq \omega_{se}$ 时为非平衡状态 (unbalanced case)，随频率上升，CRLH TL 等效媒质从左手媒质先过渡到单负媒质，再过渡到右手媒质；当 $\omega_{sh} = \omega_{se}$（此时 $L_R C_L = L_L C_R$）时，随频率上升，CRLH TL 等效媒质从左手媒质直接过渡到右手媒质，中间不出现单负媒质，这种情况称为平衡状态 (balanced case)。

特别地，我们分析 CRLH TL 的色散特性，对电报方程进行二阶微分，可得到

$$\frac{\mathrm{d}^2 U}{\mathrm{d} z^2} - \gamma^2 U = 0 \tag{2-29}$$

其中传播常数

$$\gamma^2 = -\left(\omega L_R - \frac{1}{\omega C_L}\right)\left(\omega C_R - \frac{1}{\omega L_L}\right) \tag{2-30}$$

定义变量 $\omega_R = 1/\sqrt{L_R C_R}$ 和 $\omega_L = 1/\sqrt{L_L C_L}$ 分别为纯右手和纯左手传输线的谐振频率。则可得

$$\gamma = \mathrm{j} s(\omega) \sqrt{\left(\frac{\omega}{\omega_R}\right)^2 + \left(\frac{\omega_L}{\omega}\right)^2 - \left(\frac{L_R}{L_L} + \frac{C_R}{C_L}\right)} \tag{2-31}$$

其中 $s(\omega)$ 是符号函数

$$s(\omega) = \begin{cases} -1, & \text{当 } \omega < \min(\omega_{se}, \omega_{sh}) \\ +1, & \text{当 } \omega > \max(\omega_{se}, \omega_{sh}) \end{cases} \tag{2-32}$$

在非平衡条件下，CRLH TL 的色散特性如图 2-16(a)所示，传输线的传输特性分析如下：

(1) 当 $\omega < \min(\omega_{se}, \omega_{sh})$ 时，$\gamma = -\mathrm{j}\sqrt{\left(\frac{\omega}{\omega_R}\right)^2 + \left(\frac{\omega_L}{\omega}\right)^2 - \left(\frac{L_R}{L_L} + \frac{C_R}{C_L}\right)} = \mathrm{j}\beta$，则 $\alpha = 0$，$\beta = -\sqrt{\left(\frac{\omega}{\omega_R}\right)^2 + \left(\frac{\omega_L}{\omega}\right)^2 - \left(\frac{L_R}{L_L} + \frac{C_R}{C_L}\right)} < 0$，为左手传输特性，相位超前。

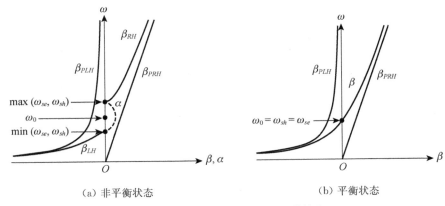

图 2-16 复合左右手传输线的色散特性

(2) 当 $\min(\omega_{se}, \omega_{sh}) < \omega < \max(\omega_{se}, \omega_{sh})$ 时，$\alpha = \sqrt{\left(\dfrac{L_R}{L_L} + \dfrac{C_R}{C_L}\right) - \left(\dfrac{\omega}{\omega_R}\right)^2 - \left(\dfrac{\omega_L}{\omega}\right)^2}$，$\beta = 0$。CRLH TL 为单负传输线，电磁波不能传输，具有禁带特性，α 对应于图 2-16(a) 中的虚线。

(3) 当 $\omega > \max(\omega_{sh}, \omega_{se})$ 时，$\alpha = 0$，$\beta = \sqrt{\left(\dfrac{\omega}{\omega_R}\right)^2 + \left(\dfrac{\omega_L}{\omega}\right)^2 - \left(\dfrac{L_R}{L_L} + \dfrac{C_R}{C_L}\right)} > 0$，为右手传输特性，相位滞后。

对于平衡状态，如图 2-16(b) 所示，因为 $\omega_{sh} = \omega_{se}$，所以 $\gamma = -\mathrm{j}(\omega/\omega_R - \omega_L/\omega) = \mathrm{j}\beta$，$\beta = \beta_R + \beta_L$。因此，平衡状态下 CRLH TL 的相移常数为纯 LH TL 的相移常数与纯 RH TL 的相移常数之和。在平衡频率点处，$\omega_0 = \omega_{sh} = \omega_{se}$，$\beta = 0$，所以平衡点处的相移将恒为 0。

从表达式和曲线图均可以看出 CRLH TL 的相移特性为非线性，相比于线性移相的 RH TL，非线性移相特性在设计新型天线中具有十分诱人的利用价值，我们将在后面的章节中利用该特性构造几类新颖的平面天线。

2.5 本章小结

本章首先介绍了人工电磁结构的 S 参数提取法，然后在此基础上详细分析了三种谐振型人工结构 SRR、CSRR 和"工"字型的磁负、电负和各向异性的电磁特性。结果表明，在不同极化入射波下，SRR 和 CSRR 可以等效成磁谐振单元，也可以等效成电谐振单元，结构在谐振点区域频段电磁特性会发生突变，频段较窄，损耗较大，不易控制，而在离开谐振点的区域，电磁特性较为稳定，频段较宽，损耗较小，也利于控制。"工"字型结构是一种弱谐振结构，只具有纯电响应，不能产生明显的磁负响应，在非谐振频段电磁特性变化非常缓慢，从而可以实现很宽的工作频段。

最后，引入传输线的等效媒质理论分析了非谐振型人工电磁结构的电磁特性。根据波动方程与电报方程的等价性，得到 RH TL 的等效媒质参数，然后由对偶性分析获得 LH TL 的等效媒质参数，将二者结合在一起得到 CRLH TL 的电路模型和等效媒质参数，重点分析了 CRLH TL 分别在平衡和非平衡状态下的传输和色散等电磁特性，为后续的理论和实验研究奠定了基础。

参考文献

[1] Pendry J B, Holden A J, Robbins D J, et al. Low frequency plasmons in thin-wire structures[J]. J Phys: Condens Matter. 1998, 10: 4785-4809.

[2] Pendry J B, Holden A J, Robbins D J, et al. Magnetism from conductors and enhanced nonlinear phenomena[J]. IEEE Transactions on Microwave Theory and Techniques, 1999, 47(11): 2075-2084.

[3] Chen H S, Ran L X, Jiang T, et al. Magnetic Properties of S-Shaped Split-ring Resonators[J]. PIER, 2005, 51: 231-247.

[4] Baena J D, Marqués R, Francisco M. Artificial magnetic metamaterial design by using spiral resonators[J]. Phys. Rev. B, 2004, 69: 014402-014402-5.

[5] Schurig D, Mock J J, Smith D R. Electric-field-coupled resonators for negative permittivity metamaterials[J]. Applied Physics Letters, 2006, 88: 041109-041109-3.

[6] Liang P, Ran L X, Chen H S, et al. Experimental observation of left-handed behavior in an array of standard dielectric resonators[J]. Physical Review Letters, 2007, 98: 157403-157403-4.

[7] Schuller J A, Zia R, Taubner T, et al. Dielectric metamaterials based on electric and magnetic resonances of silicon carbide particles[J]. Physical Review Letters, 2007, 99: 107401-107401-4.

[8] Huang F, Jiang T, Ran L X, et al. Experimental confirmation of negative refractive index of a metamaterial composed of Ω-like metallic patterns[J]. Applied Physics Letters, 2004, 84(9): 1537-1539.

[9] Chen H S, Ran L X, Jiang T, et al. Left-handed materials composed of only S-shaped resonators[J]. Physical Review E, 2004, 70: 057605-057605-4.

[10] Caloz C, Itoh T. Application of the transmission line theory of lefthanded(LH) materials to the realization of a microstrip "LH line"[C]. IEEE AP-S Int. Symp., SanAntonio, TX, 2002: 412-415.

[11] Iyer A K, Eleftheriades G V. Negative refractive index metamaterials supporting 2-D waves[C]. IEEE AP-S Int. Symp., SanAntonio, TX, 2002: 1067-1070.

[12] Lai A, Caloz C, Itoh T. Composite right/left-handed transmission line metamaterials[J]. IEEE Microwave Mag., 2004,5(3):34-50.

[13] Zhou L, Chui S T. Eigenmodes of metallic ring systems: A rigorous approach[J]. Physical Review B, 2006, 74: 035419-035419-7.

[14] Zhou L, Chui S T. Magnetic resonances in metallic double split rings: Lower frequency limit and bianisotropy[J]. Appli. Phys. Lett., 2007, 90: 041903-041903-3.

[15] Chui S T, Zhang Y, Zhou L. Miniaturization and control of split ring structures from an analytic solution of their resonance[J]. Arxiv: Physics, 2008, 08012135.

[16] Chen X D, Grzegorczyk T M, Wu B I, et al. Robust method to retrieve the constitutive effective parameters of metamaterials[J]. Physical Review E, 2004, 70: 016608-016608-7.

[17] Smith D R, Vier D C, Koschny T, et al. Electromagnetic parameter retrieval from inhomogeneous metamaterials[J]. Physical Review E, 2005, 71: 036617-036617-11.

[18] Mao S G, Wu M S, Chueh Y Z, et al. Modeling of symmetric composite right/left-handed coplanar waveguides with applications to compact bandpass filters[J]. IEEE Trans. Microw. Theory Tech., 2005, 53(11): 3460-3466.

[19] Caloz C, Itoh T. Electromagnetic Metamaterials: Transmission theory and microwave applications[M]. New York: Wiley, 2005.

[20] Eleftheriades G V, Balmain K G. Negative-refraction Metamaterials[M]. Hoboken, USA: John Wiley & Sons, 2005.

[21] 张辉. 超常介质的电磁特性及其应用研究[D]. 长沙: 国防科学技术大学, 2009.

[22] Baena J D, Bonache J, Martín F, et al. Modified and complementary split ring resonators for metasurface and metamaterial design[R]. Proc. 10th Bianisotropics Conf., Ghent, Belgium, 2004: 168-171.

[23] Baena J D, Bonache J, Martín F, et al. Equivalent-circuit models for split-ring resonators and complementary split-ring resonators coupled to planar transmission lines[J]. IEEE Trans. Microw. Theory Tech., 2005,53(4):1451-1461.

[24] Falcone F, Lopetegi T, Baena J D, et al. Effective negative-ε stopband microstrip lines based on complementary split ring resonators[J]. IEEE Microw. Wireless Compon. Lett., 2004,14(6):280-282.

[25] Falcone F, Lopetegi T, Laso M A G, et al. Babinet principle applied to metasurface and metamaterial design[J]. Phys. Rev. Lett., 2004,93:197401(1)-197401(4).

[26] Gil M, Bonache J, Garcia-Garcia J, et al. Composite right/left-handed metamaterial transmission lines based on complementary split rings resonators and their applications to very wideband and compact filter design[J]. IEEE Transactions on Microwave Theory and Techniques, 2007, 55(6): 1296-1304.

[27] Gil M, Bonache J, Martín F. Synthesis and applications of new left handed microstrip lines with complementary split-ring resonators etched on the signal strip[J]. Proc. IET Microw. Antennas Propag., 2008,2(4):324-330.

第3章

基于人工电磁结构的多频多模多极化天线的理论分析与设计实现

3.1 前言

近几十年来,随着无线通信技术的快速发展,个人通信、无线局域网等系统对无线终端设备的便携性提出了更高的要求。天线作为系统终端必不可少的组成部分,被赋予了多频带、多功能的性能重任。当各种多媒体业务进入无线通信系统时,移动终端设备上可以容纳天线的空间将越来越有限。在军事上,为了加强装备在未来电子对抗战争中的机动性和隐蔽性,高性能多功能的小型一体化天线将成为天线技术的发展趋势。在此背景下,多频多模多极化天线应运而生。多频多模多极化天线的意义在于,通过设计新的天线模型,使得多个工作频段、多种工作模式甚至多种极化方式集合于一个简单的天线上,以避免使用多个不同的天线。这样将大大降低终端设备的成本,也节省了系统空间。

微带天线作为天线应用最为重要的类型之一,因其体积小、重量轻、低剖面、易共形、成本低且易与电路集成等诸多优点而被广泛应用于无线通信、远程遥感、航空航天等民用和军事通信领域。目前国内外已经有不少利用微带天线实现多频多模多极化功能的相关报道。一方面,为了获得多频天线,采取的方法有层叠贴片技术(不同大小贴片工作在不同的频段)[1-2]、改变贴片形状技术[3]、加载短路探针技术[4]等。但是这些方法在增大天线尺寸、破坏微带天线低剖面特性、天线工作在有限的主模频段的整数倍频以及天线结构过于复杂不易设计调控等方面仍需要改善。另一方面,为了获得多模天线,C. Decroze 等通过将共面线贴片天线集成于振子贴片天线来达到目的[5];Chen Qiang 等则通过加载 PIN 结开关改变谐振模式得到多模天线[6]。然而这些方法设计起来都较为复杂,且也不易控制天线的极化特性。此外,为了获得天线的多极化特性,通过引入各种馈电方式的单贴片[7-9]、层叠贴片[10]和多端口的双极化微带天线都有报道。目前的研究成果主要集中于双线极化和双端口/多端口的类型。文献[11]中,Y. P. Hong 等通过引入圆形环结构使得天线同时实现了线极化和圆极化，但是采用的是双馈方式。传统的多功能天线大多只具备单一的多频、多模或多极化特性，未形成完善的理论体系，且结构也略显复杂。

人工电磁结构凭借其特有的电磁属性在近十几年来得到了很好的研究[12-19]。在这些结构中，电磁带隙结构（EBG，Electromagnetic Band-Gap）因其在天线设计中具有提高增益、降低旁瓣、增强阵元隔离度等优点得到了广泛的应用[18-21]。很多学者，特别是 David Yang 教授和他的课题组对微带贴片天线放置在 EBG 结构下的远场特性做了很好的研究[22-25]。David Yang 教授分析了 EBG 加载微带天线的包括回波损耗、增益、远场方向图等特性在内的基模电磁特性[23]。结果表明，EBG 加载天线的基模与传统微带天线的 TM10 模具有类似的特性。由于近场耦合，加载天线具有降低谐振尺寸的作用，为实现天线小型化提供了新的方案。然而，EBG 加载天线的其他模式并没有很好地得到激励，论文也没有进行深入的分析。

事实上，早在 1999 年，D. Sievenpiper 等学者就采用反射相位和人工导体的理论分析了 EBG 结构的工作机理[18-19]。但是该理论并不适合分析 EBG 加载微带天线的多频多模特性。本章首先通过引入 CRLH TL 理论分析天线结构，得到了 EBG 加载天线的色散特性曲线和近似等效电路，从理论上验证了 EBG 加载微带天线天然具有多频多模的电磁特性。这部分将在 3.2 节给出。在理论分析的基础上，通过对基于人工电磁结构加载的多频多模天线的场分析可知辐射贴片尺寸形状并不影响零阶谐振模式的辐射特性。采用对辐射贴片切角、加弯折臂以及开斜槽等微扰方法，分别设计实现了基于人工电磁结构的振子模式线极化贴片模式线极化、振子模式线极化贴片模式圆极化、振子模式圆极化贴片模式线极化和振子模式圆极化贴片模式圆极化四类多频多模多极化天线。这部分将分别在 3.3、3.4、3.5、3.6 节给出。最后论文对圆形微带贴片天线加载人工电磁结构实现多频多模特性进行理论分析和天线设计。结果表明，基于人工电磁结构的圆形贴片天线具有两个振子模式和一个位于两振子模式中间的贴片模式。这部分将在 3.7 节给出。需要指出的是，本书所指的振子模式是指具有像普通振子天线那样的全向辐射特性的模式，而贴片模式则是指具有普通微带贴片天线基模边射特性的辐射模式。

论文提出的基于人工电磁结构的同轴单馈多频多模多极化天线相比于传统的具备单一的多频、多模或多极化功能的天线，理论体系更加完善，设计方法更加简单，且具有低剖面、方向图可选择性和极化多样性等特点，将在现代通信系统中具有广泛的应用前景。

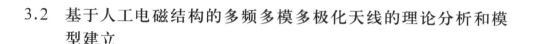

3.2 基于人工电磁结构的多频多模多极化天线的理论分析和模型建立

目前,国内外基于微带天线实现多频多模多极化功能的技术包括层叠贴片技术、改变贴片形状技术和加载短路探针技术。这些方法存在天线结构过于复杂、不易设计调控等缺点,同时也不利于拓展多频多模天线的多极化功能。而采用多端口同时或分时馈电实现多频多模的功能又不可避免地存在提高端口隔离度的技术问题。近年来,人工电磁结构在天线模式控制中初见成果[26-28],然而这种通过加载人工电磁结构实现多频多模功能仅仅局限于超宽带天线中。J. H. M. Francisco 通过部分加载 mushroom 结构,实现了多频多模[17],但是其天线基板较厚,也没有能够进一步拓展其多频多模性能的应用,并且也仅仅局限于线极化的应用场合。David Yang 和他的团队对加载 mushroom 结构微带天线的近远场特性进行了分析讨论,却局限于一个模式,并未全面地分析人工电磁结构加载天线固有的多频多模特性[22-23]。

本节采用 CRLH TL 理论对微带天线加载人工电磁结构实现多频多模特性进行分析。研究加载 mushroom 结构以及变形 mushroom 结构的人工电磁结构加载方式;分析人工电磁结构单元的色散特性;对基于人工电磁结构的多频多模天线的输入阻抗、辐射模式等电磁特性进行分析,获取各个电磁参数与人工电磁单元结构参数,以及加载方式之间的相互关系。

本天线采用 mushroom 结构及变形 mushroom 结构,原因在于此类结构平面特性良好,不影响微带天线的低剖面特性,且容易满足二维方向上的各向同性。天线由上下两层组成,上层为辐射贴片,下层为普通 mushroom 周期结构,采用探针单馈。传统的 mushroom 结构加载微带天线可以看作是分布式的周期性结构,周期单元如图 3-1(a)所示。单元由上下两块介质板层叠组合而成。上层为金属贴片,下层为 mushroom 单元结构。基于 CRLH TL 理论,该结构的左手电容(C_L)由单元间的容性耦合引入,而左手电感(L_L)则由连接贴片和地板的探针引入。右手特性则由电流通量(L_R)和平行板电容(C_R)引入。一方面,通过上层辐射贴片的耦合,可以增强 mushroom 结构贴片单元间的耦合,并且调整上层介质板的厚度可以实现任意控制左手电容;另一方面,左手电感可以通过控制探针的结构参数来实现。这两个特性使得采用该结构相比于采用金属—绝缘介质—金属(MIM)电容或者共面波导(CPW)线控制左手电容和左手电感更简单实用[12]。如图 3-1(c)所示,CRLH TL 结构单元的 T 型等效电路模型可以用来分析单元的工作原理。

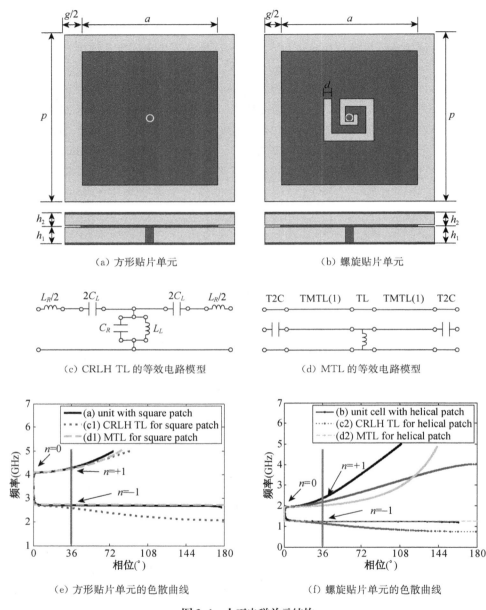

图 3-1 人工电磁单元结构

(单元尺寸为:$p=12.5$ mm,$\varepsilon_r=2.2$,$a=12$ mm,$g=0.5$ mm,$h_2=1$ mm,$r=0.5$ mm,螺旋形状的宽度和缝隙均为 $d=0.7$ mm,r 是馈电探针的半径;CRLH TL 的等效电路的参数为:$C_L=0.4$ pF,$L_L=0.8$ mm,$L_R=1.2$ nH,$C_R=0.4$ pF;MTL 的等效电路的参数为:$L=1.62$ nH,$C=0.81$ pF)

根据第 2 章的非谐振型人工电磁结构的 CRLH TL 理论,由 Bloch-Floquet

定则可知,通过应用周期边界条件,可以获得单元的色散关系[29]:

$$\beta(\omega) = \frac{1}{p}\arccos\left[1 - \frac{1}{2}\left(\frac{\omega_L^2}{\omega^2} + \frac{\omega^2}{\omega_R^2} - \frac{\omega_L^2}{\omega_{se}^2} - \frac{\omega_R^2}{\omega_{sh}^2}\right)\right] \quad (3-1)$$

其中,

$$\omega_L = \frac{1}{\sqrt{C_L L_L}}, \quad \omega_R = \frac{1}{\sqrt{C_R L_R}}, \quad \omega_{se} = \frac{1}{\sqrt{C_L L_R}}, \quad \omega_{sh} = \frac{1}{\sqrt{C_R L_L}} \quad (3-2)$$

CRLH TL 模型的色散曲线如图 3-1(e)所示。正如第 2 章的分析,左手谐振模式在低频得到激励,而右手谐振模式在高频得到激励。当串联谐振与并联谐振不相等时,$\beta=0$ 的非零谐振点有两个。通常根据电路参数和边界条件,只保留一个无限波长的零阶谐振模式[29]。CRLH TL 单元可以视为满足式(3-3)的谐振器:

$$\beta_n = \frac{n\pi}{L} \quad (3-3)$$

其中,n 是谐振模式数,可为包含正数、负数和零的所有整数。L 是由 N 个周期为 p 的单元组成的 CRLH TL 的总长度。在开路边界条件的情况下,无限波长的零阶谐振模式决定于并联谐振频点 $f_{sh} = 1/[2\pi \cdot (C_R L_L)^{1/2}]$。从式(3-3)可以看出,基模 $n=\pm 1$ 模式由单元个数和电尺寸决定 $\beta \cdot p = \pm \pi/N$。图 3-1(e)给出了分别由图 3-1(a)给出的 HFSS 全波仿真模型和图 3-1(c)给出的近似等效电路的 CRLH TL 单元的色散曲线。模型参数附在图的说明文字中。

该结构同样可以看成是加盖的 Sievenpiper mushroom 结构,我们也可以采用文献[30]的多导体传输线(MTL)理论模型对该结构进行分析,图 3-1(d)和(e)分别给出了单元的等效电路模型和色散曲线。相比于 CRLH TL 模型,多导体传输线理论模型的色散曲线也具有很好的吻合度。如图 3-1(e)所示,方形贴片的 CRLH TL 模型在高阶模式存在一定的偏差。原因在于,虽然等效电路是纯 CRLH TL 模型,但是单元结构其实是纯 RH TL 模型(上层结构)和纯 CRLH TL 模型(下层结构)的层叠模型。而通过文献[17]和第 2 章的理论分析我们知道,纯 RH TL 模型、纯 LH TL 模型和纯 CRLH TL 模型的色散曲线是有区别的。但是,对于低阶模式($n=-1,0,+1$)而言,两种方法的曲线吻合度是可以接受的。

图 3-1(f)给出了变形 mushroom 结构(螺旋贴片)的色散曲线。我们发现,加载图 3-1(b)所示的螺旋结构后,并联谐振点可以较容易地得到调整,能够获得小型化的效果。此外,CRLH TL 的禁带也能获得调控。通过控制人工电磁结构的参数可以调节色散曲线的斜率,从而使得左手谐振频率、右手谐振频率以及两种频段之间的间隔可以被任意地控制。尽管高阶模式有一定的偏差,但本书采用的

传输线模型获得的色散特性仍然可以接受,因为我们只关注吻合较好的低阶模式的特性。

基于上面的分析,我们可以得到下列结论:CRLH TL 模型可以用来分析人工电磁结构加载的微带贴片天线;人工电磁结构加载的微带贴片天线具有前人没有发现的天然的多频多模特性。后面的章节将给出具体的天线模型来验证理论分析。

3.3 基于人工电磁结构的振子模式线极化贴片模式线极化天线设计

3.3.1 天线设计与分析

如图 3-2 所示为基于人工电磁结构的多频多模多极化天线模型。天线由上下两部分组成:上部分为方形微带贴片,下部分为 mushroom 结构部分。上部分的方形贴片刻蚀在方形介质基片上。基片介电常数为 ε_r,高度为 h_2,尺寸为 L,贴片尺寸为 L_p。下层贴片为传统方形 mushroom 结构的变形。mushroom 结构方形贴片中间部分刻蚀成螺旋条带结构[18]。这种变形方法,可以改变传统 mushroom 结构中通过减小探针半径和增加探针长度的方

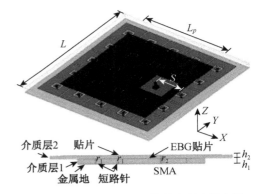

图 3-2 基于人工电磁结构的多频多模多极化天线模型

法提高电感所带来的引入损耗和增加介质板厚度的缺陷。螺旋条带结构能够在较大范围内调整并联电感(左手电感)。天线下层加载了 5×5 的 mushroom 结构单元阵,去掉其中的一个单元以方便探针馈电,所以总的 mushroom 结构单元个数为 24。下层介质具有相同的介电常数 ε_r,尺寸为 L,但是高度为 h_1。通过调节馈电点与辐射贴片边沿的距离 S 可实现阻抗匹配。

天线的优化尺寸如下:$L = 70$ mm,$L_p = 70$ mm,$S = 13.5$ mm,$p = 12.5$ mm,$\varepsilon_r = 2.2$,$a = 12$ mm,$g = 0.5$ mm,$h_1 = 1.5$ mm,$h_2 = 1$ mm,$r = 0.5$ mm。单元的参数取值与图 3-1 相同。如图 3-3 所示,当 $S = 13.5$ mm 时,天线匹配较好。可以看到,右手高阶谐振频率能得到较好的激励,但是左手的高阶谐振频率则匹配较差。从图 3-1 中 mushroom 变形加载结构的色散曲线可以看出,左手频段在一个较窄的区域,这是左手的高阶模式没有得到很好激励和区分

的原因。本书只关注匹配较好的低阶模式($n=-1,0,+1$ 模式),图 3-3 中用箭头标注了各个模式。其中 $n=-1$ 模式实现了很好的小型化效果。传统的未加载 mushroom 结构的微带天线在相同尺寸下工作在 2 GHz,而本模式谐振在 1.05 GHz,工作频率降低了近一半。本设计中,因为 $N=5$,所以 $n=\pm1$ 模式的色散谐振点为 $\beta \cdot p=\pm36°$,由反射系数曲线可以看出,谐振点与图 3-1 的色散曲线吻合较好。略微的偏差主要是因为色散模型采用的是无限周期模型,而实际的天线模型周期单元个数有限(此设计为 5)。

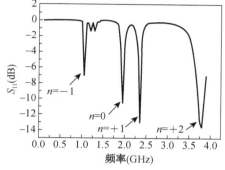

图 3-3 基于人工电磁结构的多频多模多极化天线的仿真反射系数

如图 3-4 所示为三个低阶谐振模式中心工作频率的场分布。由 $n=\pm1$ 模式的电场矢量分布可以看出辐射贴片两辐射边存在 180°相差,就像传统贴片天线的场分布,因此这两个模式能够产生类似微带贴片天线的边射方向图。而 $n=0$ 模式的电场分布为同相,围绕边沿的等效磁矢量形成了一个磁流环,因此该无限波长的零阶谐振模式能够产生类似振子天线的全向辐射方向图。

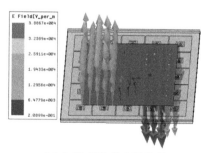

(a) 1.05 GHz 的电场分布

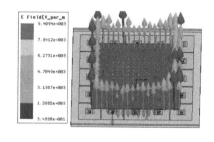

(b) 1.94 GHz 的电场分布

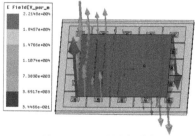

(c) 2.34 GHz 的电场分布

图 3-4 基于人工电磁结构的多频多模多极化天线低阶谐振模式中心工作频率的场分布

下面分析辐射贴片尺寸和人工电磁结构对天线性能的影响。表 3-1 给出了在辐射贴片尺寸 L_p 和螺旋结构条带和缝隙宽度 d 取不同值的情况下，人工电磁结构天线低阶模式（$n=-1,0,+1$）的变化趋势。可以得到如下结论：随着辐射贴片尺寸 L_p 的增加，$n=\pm 1$ 模式往低频移动，然而 $n=0$ 模式变化不大，可见 $n=0$ 模式就像一个顶部加载天线，贴片的大小、形状对零阶谐振模式影响不大。此外，通过改变螺旋结构尺寸观察变形 mushroom 结构对谐振模式的影响。当螺旋条带变窄时，所有谐振频率都往低频移动。

表 3-1　基于人工电磁结构的多频多模多极化天线参数分析

参数	取值	$n=-1$ 模式	$n=0$ 模式	$n=+1$ 模式
L_p	44 mm	1.08 GHz	1.94 GHz	2.40 GHz
	48 mm	1.05 GHz	1.94 GHz	2.34 GHz
	52 mm	1.01 GHz	1.94 GHz	2.30 GHz
d	0.6 mm	1.01 GHz	1.83 GHz	2.27 GHz
	0.7 mm	1.05 GHz	1.94 GHz	2.34 GHz
	0.8 mm	1.10 GHz	2.07 GHz	2.43 GHz

3.3.2　天线测试结果与讨论

如图 3-5 所示，制作加工了天线实物以验证分析。图 3-6 所示为仿真和测试的反射系数曲线。测试结果表明，天线三个低阶模式谐振在 1.34 GHz、1.91 GHz 和 2.38 GHz。相比于仿真结果，测试结果略微往高频偏移，特别是 $n=-1$ 模式，主要是因为制作公差，如两层结构中间不均匀的空气缝隙导致的。从仿真和测试结果都可以看到，在 $n=-1$ 和 $n=0$ 两个模式中间存在波纹扰动，这主要是由螺旋贴片单元之间的耦合引入的。另外的仿真结果表明，未加载螺旋结构的人工电磁结构微带天线不存在波纹扰动，本节不再赘述[31]。

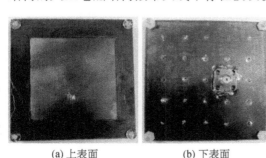

(a) 上表面　　　(b) 下表面

图 3-5　基于人工电磁结构的多频多模多极化天线实物图

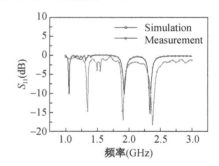

图 3-6　基于人工电磁结构的多频多模多极化天线的仿真与测试反射系数

如图3-7所示为天线的远场测试方向图。对于 $n = \pm 1$ 模式,天线具有传统贴片天线的边射方向图,$n = -1$ 模式的前后比性能略差于 $n = +1$ 模式,是因为

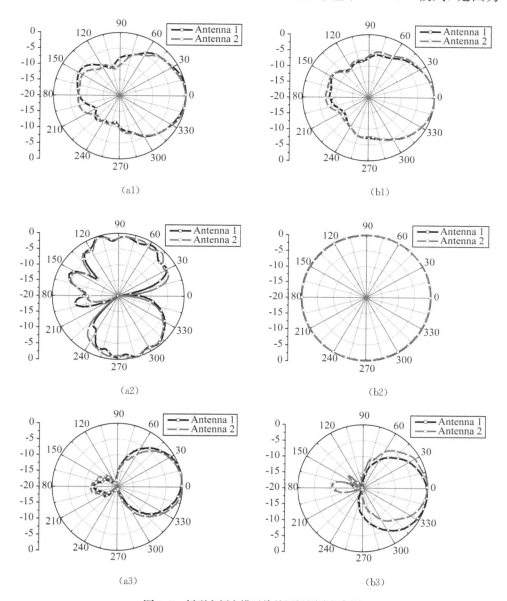

图 3-7　新型多频多模天线的远场测试方向图

(a1) E 面(XZ-面)天线1在1.34 GHz 和天线2在1.33 GHz;(a2) E 面 天线1在1.91 GHz 和天线2在1.88 GHz;(a3) E 面 天线1在2.38 GHz 和天线2在2.412 GHz;(b1) H 面(YZ-面)天线1在1.34 GHz 和天线2在1.33 GHz;(b2) H 面 天线1在1.91 GHz 和天线2在1.88 GHz;(b3) H 面 天线1在2.38 GHz 和天线2在2.412 GHz

$n=-1$ 模式实现了小型化的功能,低频段地板的电尺寸相对减小了,导致后向辐射较大。对于 $n=0$ 模式,天线 H 面方向图为近似全向,E 面方向图为近似 8 字,其中微带贴片的边射方向没有辐射。相比于文献[13]给出的模型,方向图更加对称,这主要是因为本书采用了同轴底馈的方式,相对于边馈,底馈具有较好的对称性。

最后在微波暗室测试中获得了天线的增益。由于加载结构引入了一定的金属和介质损耗,相比于传统贴片天线而言,人工电磁结构天线在方向图、增益、效率方面略有下降,表 3-2 给出了结果(天线 1)。因为反射系数位于 -10 dB 附近,所以采用 -6 dB 反射系数标准定义阻抗带宽。测试结果表明,测试带宽略宽于仿真结果,这主要是由制造公差带来的,比如两层介质板之间空气层的影响。

表 3-2　　两个人工电磁结构天线的性能对比

	类型		谐振频率(GHz)	-6 dB 带宽(%)	增益(dB)	效率(%)
天线 1	仿真	$n=-1$	1.05	0.76	1.9	33
		$n=0$	1.94	2.32	0.6	48
		$n=+1$	2.34	2.18	6.2	72
	测试	$n=-1$	1.34	1.72	1.8	29
		$n=0$	1.91	2.98	0.6	45
		$n=+1$	2.38	4.54	5.9	69
天线 2	仿真	$n=-1$	1.06	1.32	2.3	30
		$n=0$	1.94	2.16	0.7	48
		$n=+1$	2.38	4.45	6.0	70
	测试	$n=-1$	1.33	1.88	2.1	27
		$n=0$	1.88	3.24	0.6	45
		$n=+1$	2.412	10.03	5.7	66

天线的测试结果验证了前文的理论分析,尽管由于色散模型采用的是无限周期模型,而实际的天线模型周期单元个数有限,使得理论与天线实际模型会有略微的偏差,但是对于天线常用的低阶模式而言,是可以接受的。使用 CRLH TL 理论分析人工电磁结构微带天线具有的多频多模特性是准确可行的。本节设计的天线模型是基于人工电磁结构的振子模式线极化贴片模式线极化天线类型。后面几节将引入多极化的电磁特性来拓展此类人工电磁结构天线的应用范围。

3.4 基于人工电磁结构的振子模式线极化贴片模式圆极化天线设计

多极化天线的实现大多基于采用多层层叠技术或多端口馈电方式,天线辐射部分或馈电部分结构较为复杂,且隔离度要求较高。本书提出的基于人工电磁结构的多频多模多极化天线只采用两层结构,且可以运用单馈方式,结构简单。根据上节分析,由于天线的零阶谐振模式方向图为水平全向,辐射贴片形状大小对于该模式的远场特性影响不大。因此可以采用新的方式实现多极化功能。比如,通过切角、挖槽、加载等微扰技术实现人工电磁结构天线的多频多模多极化功能。

本节利用辐射贴片的大小形状对零阶谐振模式影响不大的特性设计双极化天线,通过切角的方式在保证 $n=0$ 模式不变的前提下实现 $n=1$ 模式的圆极化特性。如图 3-8 所示为本节设计的基于人工电磁结构的振子模式线极化贴片模式圆极化天线模型。天线各结构参数除了在两个地方做了变化外,其他与 3.3 节的线极化天线模型一样。当切角尺寸 t 取值为 12.1 mm 时,$n=+1$ 模式的圆极化轴比性能最好;S 的取值优化为 11.5 mm,以获得较好的阻抗匹配特性。

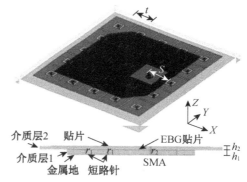

图 3-8 基于人工电磁结构的振子模式线极化贴片模式圆极化天线结构图

图 3-9 给出了基于人工电磁结构的振子模式线极化贴片模式圆极化天线的仿真和测试反射系数曲线。因为天线结构参数与 3.3 节的基本一致,所以三个模式的谐振频率也基本不变。相比于仿真结果,$n=-1$ 模式的测试结果往高频偏移,主要是因为两层结构中间的空气缝隙导致的。测试结果表明,$n=+1$ 模式的 3 dB 轴比约为 1%。通过引入空气层或者采用介电常数更低厚度更厚的介质板将能够展宽天线带宽。测试结果验证了采用切角的微扰方式实现贴片模式圆极化的可行性。

相比于前文的单极化天线,该双极化天线具有基本一样的远场特性。天线的方向图、增益、效率性能总结在表 3-2 中(天线 2)。该天线具有低剖面、方向图可选择性和极化多样性的特点,而本方法可以用于设计具有与卫星上行链路通信和与地面无线局域网通信的天线系统。

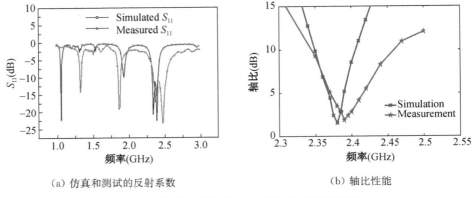

(a) 仿真和测试的反射系数 (b) 轴比性能

图 3-9 新型振子模式线极化贴片模式圆极化天线

3.5 基于人工电磁结构的振子模式圆极化贴片模式线极化天线设计

上一节提出了基于人工电磁结构加载实现单馈多频多模多极化微带天线的方法，然而此类天线的振子模式（$n=0$ 模式）并没有实现圆极化。近几年有关于利用新型人工传输线结构实现平面全向圆极化天线的报道[32-33]。该方法主要是通过引入弯折臂为零阶谐振模式自然地生成两个正交相差 90°的分量。该天线能够在水平面上产生全向圆极化辐射特性，然而这种方法并没有用于实现多频多模多极化天线。

本节提出了一种新颖的基于人工电磁结构的振子模式圆极化贴片模式线极化微带天线。该天线在一个频段具有全向圆极化特性，而在另一个频段具有单向线极化特性。天线的多频多模特性同样是基于加载变形 mushroom 结构生成的。零阶模式（$n=0$ 模式）具有全向圆极化特性则是通过加载四个弯折臂实现的。因为弯折臂不会影响贴片模式（$n=+1$ 模式）的远场特性，所以贴片模式保持了线极化特性。这样无须加载复杂的馈电网络和移相器，单馈微带天线就获得了双频双模双极化特性。加工测试了天线实物，天线性能得到了验证。

3.5.1 天线设计与分析

如图 3-10 所示为本节设计的基于人工电磁结构的振子模式圆极化贴片模式线极化天线结构图。该天线与前面两节的天线结构略有不同。其由上下两部分组成：上部分为方形微带贴片，下部分为 mushroom 结构。上部分为传统方形贴片连接了四个弯折臂，贴片刻蚀在方形介质基片上，基片介电常数为 ε_r，高度为 h_2，尺寸为 L_{s2}，贴片尺寸为 L_p。下层贴片为传统方形 mushroom 结构的变形。mushroom 方形贴片中间部分刻蚀成螺旋条带结构,四个边加载了四个弯折臂[18]。这种变形方法,可以增大耦合电容,并且螺旋条带结构能够在较大范围内调整并联电感。上层贴片下方共加载了 16 个围成一圈的 mushroom 单元。如图 3-10(d)所示为变形 mushroom 单元贴片图案。其中螺旋微带的宽度和缝隙均为 d。mushroom 变形结构印刷在下层贴片上,下层介质具有相同的介电常数 ε_r,不同的尺寸 L_{s1},不同的高度 h_1。馈电点与辐射贴片中心的距离为 S,通过调节该参数可以获得较好的阻抗匹配效果。优化的尺寸参数在表 3-3 中给出并标注在图 3-10 中。

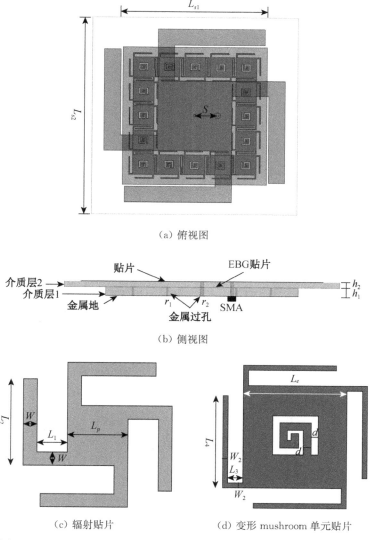

(a) 俯视图

(b) 侧视图

(c) 辐射贴片　　　　(d) 变形 mushroom 单元贴片

图 3-10 基于人工电磁结构的振子模式圆极化贴片模式线极化天线结构图

表3-3　基于人工电磁结构的振子模式圆极化贴片模式线极化天线参数(单位:mm)

L_{s1}	L_{s2}	S	h_1	h_2	d	r_1	r_2
70	100	11	1.5	1	0.7	0.35	0.65
L_p	L_1	L_2	W	L_e	L_3	L_4	W_2
36	18	52	8	10	1.5	9	0.5

新的人工电磁结构单元是电容增强电感可调型 mushroom 单元,所以该人工电磁结构天线可以看作是分布式的周期性结构,同样可以采用3.2节的 CRLH TL 理论进行分析[29,31]。因为 mushroom 内部单元对低阶模式($n=-1,0,+1$)的辐射特性影响不大(可以从3.3节的图3-4获得),所以可以将内部 mushroom 单元去掉,保留16个单元围在辐射贴片边沿下方构成方形环。该结构并不影响天线激励起多频多模特性。因为本节目标为实现

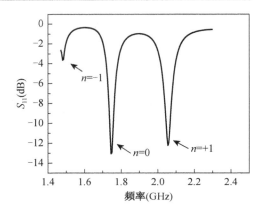

图3-11　基于人工电磁结构的振子模式圆极化贴片模式线极化天线仿真反射系数

双极化特性,而 $n=0$ 和 $n=+1$ 两个模式匹配特性较好,所以本节只对 $n=0$ 和 $n=+1$ 模式进行讨论。由图3-11可知,$n=0$ 模式谐振在1.745 GHz,−10 dB阻抗带宽为1.4%;而 $n=+1$ 模式谐振在2.055 GHz,−10 dB阻抗带宽为1.5%。

天线两个模式的辐射机理不变。因为 $n=0$ 模式的电场分布为同相,所以围绕边沿的等效磁矢量就形成了一个磁流环,故而能够产生类似振子天线的全向辐射方向图。$n=+1$ 模式的两辐射边电场矢量分布存在180°相差(为反相),就像传统贴片天线的场分布,故而能够产生类似微带贴片天线的边射方向图。图3-12给出了天线三维远场辐射仿真方向图。

由前文结论可知,辐射贴片的大小形状对零阶谐振模式影响不大[31],所以可以通过改变辐射贴片的形状来获得 $n=0$ 模式的圆极化特性。采取的方法主要是在辐射贴片四个边加载四个弯折臂,并且在贴片中心加载短路探针。加载的弯折臂可以拓展贴片上的电流路径,并且增强并联电容。因为零阶谐振频率取决于并联谐振频率:$f_0 = 1/[2\pi(L_L C_R)^{1/2}]$,所以臂越长,谐振点越往低频偏移。文献[33]对该结构进行了分析,通过观察天线的电场和表面电流的时变特性,该结构能够为零阶谐振模式自然地生成两个正交的相差90°的分量,所以天线能够在水平面上产生全向圆极化辐射特性。对于 $n=+1$ 模式,因为弯折臂

第3章 基于人工电磁结构的多频多模多极化天线的理论分析与设计实现

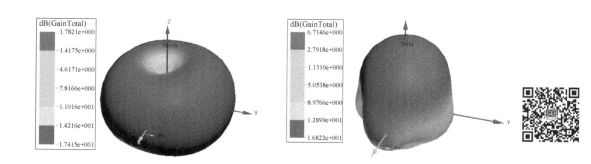

(a) $n=0$ 模式(1.745 GHz)　　　　(b) $n=+1$ 模式(2.055 GHz)

图 3-12　基于人工电磁结构的振子模式圆极化贴片模式线极化天线仿真方向图

和短路探针对方向图和极化性能影响不大,所以该贴片模式保持单向线极化的辐射特性不变。

3.5.2　天线测试结果与讨论

如图 3-13(a)和(b)所示,制作加工了天线实物以验证分析。采用 HFSS 仿真软件优化天线尺寸,表 3-3 给出了天线的优化参数。图 3-13(c)给出了天线的仿真和测试反射系数曲线。结果表明:$n=0$ 模式谐振在 1.77 GHz,-10 dB 阻抗带宽为 2%;而 $n=+1$ 模式谐振在 2.115 GHz,-10 dB 阻抗带宽为 1.9%。测试结果比仿真结果略微向高频偏移了。这主要是由于加工误差和两层介质中间空气层的影响。但是可以看出仿真和测试的结果是基本吻合的。

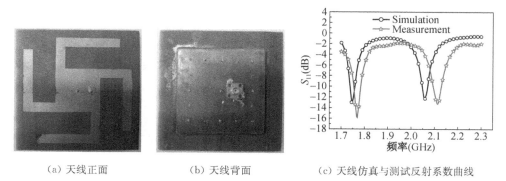

(a) 天线正面　　　　(b) 天线背面　　　　(c) 天线仿真与测试反射系数曲线

图 3-13　基于人工电磁结构的多频多模多极化天线实物图

如图 3-14 所示为天线两个模式中心工作频率的仿真和测试轴比曲线。$n=0$ 模式水平面上的仿真轴比低于 3 dB,测试轴比低于 3.5 dB。可以看出在 $\varphi=0°$,90°,180°,270°的 4 个点上存在 4 个凸峰,主要是 4 个弯折臂对应的不连续性带来的。$n=+1$ 模式则保持了线极化特性。仿真与测试吻合较好,之间的差异主要是制作公差带来的。

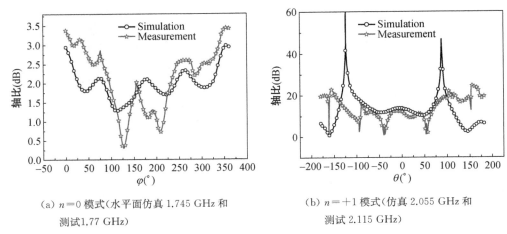

(a) $n=0$ 模式(水平面仿真 1.745 GHz 和测试1.77 GHz)

(b) $n=+1$ 模式(仿真 2.055 GHz 和测试 2.115 GHz)

图 3-14 双极化天线两个模式的仿真与测试轴比

最后,图 3-15 所示为天线远场 E 面和 H 面测试方向图。对于 $n=0$ 模式(1.77 GHz),天线 H 面方向图为近似全向(变化小于 2.5 dB),E 面方向图为近似 8 字,其中贴片边射方向没有辐射。该模式最大增益为 1.2 dB。对于 $n=+1$ 模式,天线具有传统贴片天线的边射方向图,最大增益在垂直贴片水平面的轴向上为 5.4 dB。结果表明,相比于传统贴片天线而言,该人工电磁结构加载天线在方向图、增益、效率方面略有下降,这主要是 mushroom 结构引入的损耗导致的。

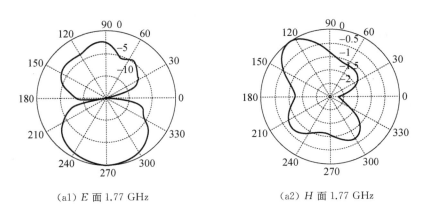

(a1) E 面 1.77 GHz

(a2) H 面 1.77 GHz

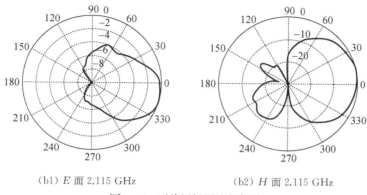

(b1) E 面 2.115 GHz　　(b2) H 面 2.115 GHz

图 3-15　天线远场测试方向图

3.6　基于人工电磁结构的振子模式圆极化贴片模式圆极化天线设计

圆极化天线凭借其能够为发射和接收器件提供可靠信号的优异性能在无线通信中得到了广泛应用。一方面,单向辐射的圆极化天线在卫星通信和点对点通信等系统中具有很好的应用前景;另一方面,全向圆极化天线在 GPS 通信系统和个人移动通信系统中用处广泛[34-35]。两种辐射方向图均对圆极化具有很高的需求,但是很少有关于双频双模双圆极化天线的报道。

通过 3.2、3.3、3.4 和 3.5 节我们知道,基于人工电磁结构加载可以实现新颖的单馈多频多模多极化微带天线。通过切角的方法,可实现单向辐射模式的圆极化辐射特性,但是全向辐射模式并没有实现圆极化。利用人工电磁结构传输线实现平面全向圆极化天线的方法也被用于实现振子模式圆极化,然而此时单向辐射模式并没有实现圆极化。尽管也有文献实现了双圆极化特性,比如文献[36]用零阶和一阶模式实现了双频圆极化微带天线,但是两个模式均为全向辐射模式。C. H. Chen 等通过在切角贴片外沿加载 L 形枝节实现了双频圆极化天线,然而两个模式均为单向辐射模式[37]。如何实现振子模式和贴片模式双圆极化变得非常必要也极具有挑战性。

本节基于 3.5 节的天线模型,设计了一种新颖的人工电磁结构双频双模双圆极化天线。天线一个频段具有全向圆极化特性,另一个频段具有单向圆极化特性。据我们所知,这是第一次同时实现了单向圆极化和全向圆极化特性的双频双模双圆极化天线。本设计在 3.5 节的基础上,通过在辐射贴片中心开一个 45°的斜槽,实现了 $n=+1$ 模式的圆极化,但是并不改变 $n=0$ 模式的全向辐射和圆极化特性。这样无须加载复杂的馈电网络和移相器,单馈微带天线就获得了双频双模双圆极化特性。

3.6.1 天线设计与分析

如图 3-16 所示为本节设计的天线结构图。除了尺寸不一样外，天线结构与上一节类似，由上下两部分组成：上部分为方形微带贴片，下部分为 mushroom 结构部分。上部分为传统方形开槽贴片连接了 4 个弯折臂，贴片刻蚀在方形介质基片上，基片介电常数为 ε_r，高度为 h_2，尺寸为 L_{s2}，贴片尺寸为 L_p。图 3-16(c) 显示为辐射贴片图案。与 3.5 节不同之处在于其在贴片中央开了一个 45°的方形斜槽。下层贴片为传统方形 mushroom 结构的变形。mushroom 方形贴片中间部分刻蚀成螺旋条带结构，四个边加载了四个弯折臂。这种变形方法，可以增大耦合电容，并且能够在较大范围内调整左手电感。上层贴片下方共加载了 16 个围成一圈的 mushroom 单元。如图 3-16(d) 所示为 mushroom 单元贴片图案。其中螺旋微带的宽度和缝隙均为 d。mushroom 变形结构印刷在下层贴片上，下层介质具有相同的介电常数为 ε_r，不同的尺寸 L_{s1}，不同的高度 h_1。短路针和馈电

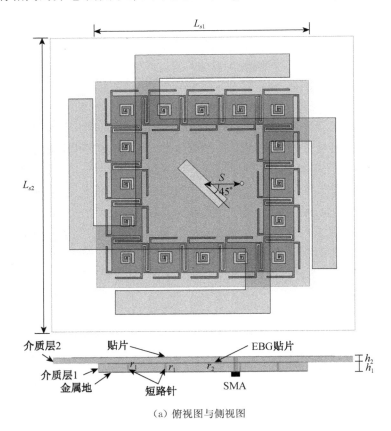

(a) 俯视图与侧视图

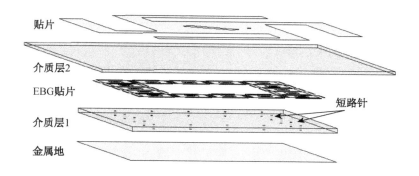

(b) 三维展开图

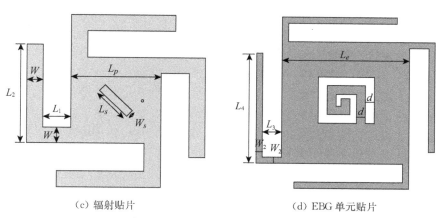

(c) 辐射贴片　　　　　　　　(d) EBG 单元贴片

图 3-16 基于人工电磁结构的振子模式圆极化贴片模式圆极化天线结构：

探针的半径尺寸分别为 r_1 和 r_2。馈电点与辐射贴片中心的距离为 S，通过调节该参数可以获得较好的阻抗匹配效果。优化的尺寸参数在表 3-4 中给出并标注在图 3-16 中。

表 3-4 基于人工电磁结构的振子模式圆极化贴片模式圆极化天线参数（单位：mm）

L_{s1}	L_{s2}	S	h_1	h_2	d	r_1	r_2	L_s
70	100	13	1.5	1	0.7	0.35	0.65	19
L_p	L_1	L_2	W	L_e	L_3	L_4	W_2	W_s
44	14	51	8	10	1.5	9	0.5	4

同样地，该人工电磁结构天线也可以看作是分布式的周期性结构，采用 CRLH TL 理论进行分析。因为内部 mushroom 单元对低阶模式（$n=0, \pm 1$）的辐射特性影响不大，所以将内部单元去掉，保留 16 个单元围在辐射贴片边沿下方

构成方形环,并不影响天线激励起多频多模特性。本节将对匹配特性较好的 $n=0$ 和 $n=+1$ 模式进行讨论。

因为辐射贴片的大小形状对零阶谐振模式影响不大,所以我们可以通过改变辐射贴片的形状来获得 $n=0$ 模式和 $n=+1$ 模式的圆极化特性。首先采用 3.5 节使用的方法,在辐射贴片四个边加载四个弯折臂。文献[33]对该结构进行了分析,通过观察天线的电场和表面电流的时变特性,得知该结构能够为零阶谐振模式自然地生成两个正交的、相差 90°的分量,所以该天线能够在水平面上产生全向圆极化辐射特性。然后采用传统的微扰方法,通过贴片挖槽、引入小枝节等来激励起两个正交的等幅相差 90°的谐振模式,使得单馈微带天线的 TM01 模式(这里也就是 $n=+1$ 模式)能够产生圆极化特性。弯折臂对 $n=+1$ 模式的方向图和极化性能影响不大。因为基模起辐射作用的部分主要集中在辐射贴片的边沿,所以在辐射贴片中央开一个 45°的方形斜槽可以获得 $n=+1$ 模式的圆极化性能,但是并不会改变两个模式的远场方向图特性,$n=0$ 模式的圆极化特性也不会受到太大的影响。

图 3-17 给出了天线的 $n=0$ 模式在 $t=0$,$t=T/4$,$t=T/2$,$t=3T/4$ 时的磁场分布。加载的弯折臂在一个周期内周期性地充放电,可以看出天线的水平极化和垂直极化波分量在每个 $T/4$ 内都存在 90°相差,从而验证了该结构能够为零阶谐振模式自然地生成两个正交的、相差 90°的分量,所以该天线能够在水平面上产生全向圆极化辐射特性。因为四个弯折臂呈顺时针弯折,产生的是左旋圆极化波,当四个臂呈逆时针时将产生右旋圆极化波。图 3-18 给出了天线的 $n=+1$ 模式在 $t=0$,$t=T/4$,$t=T/2$,$t=3T/4$ 时的磁场分布。可以看出,天线工作在右旋圆极化状态,当 45°的方形斜槽方向为正交方向时,天线将对应地产生左旋圆极化波。因此,天线的磁场分布验证了天线同时具有水平全向圆极化和单向圆极化的辐射特性。

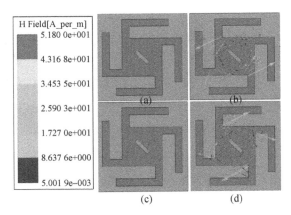

图 3-17　天线 $n=0$ 模式的磁场分布:(a)$t=0$;(b)$t=T/4$;(c)$t=T/2$;(d)$t=3T/4$

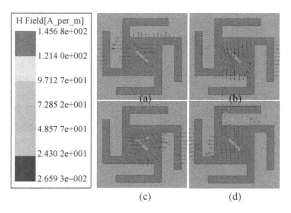

图 3-18 天线 $n=+1$ 模式的磁场分布：(a)$t=0$；(b)$t=T/4$；(c)$t=T/2$；(d)$t=3T/4$

3.6.2 天线测试结果与讨论

如图 3-19 所示，制作加工了天线实物验证其双频双模双圆极化特性。表 3-4 给出了天线优化参数。图 3-20 给出了天线的仿真和测试反射系数曲线。

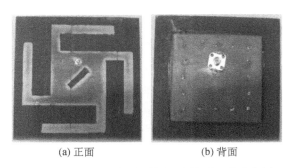

(a) 正面　　　　　　(b) 背面

图 3-19 基于人工电磁结构的双圆极化天线实物图

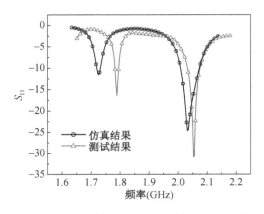

图 3-20 基于人工电磁结构的双圆极化天线仿真与测试反射系数曲线

结果表明：$n=0$ 模式谐振在 1.789 GHz，-10 dB 阻抗带宽为 1%，而 $n=+1$ 模式谐振在 2.053 GHz，-10 dB 阻抗带宽为 2%。由于加工误差，测试结果比仿真结果略微向高频偏移了。

如图 3-21 所示为天线两个模式中心工作频率的仿真和测试轴比曲线。$n=0$ 模式水平面上的仿真轴比低于 3 dB，测试轴比低于 3.3 dB。因此该模式具有良好的圆极化特性。可以看出在 $\varphi=0°$，90°，180°，270°的四个点上存在四个凸峰，主要是四个弯折臂对应的不连续性带来的。对于 $n=+1$ 模式也具有较好的圆极化特性。3 dB 轴比带宽大于 1%，仿真与测试之间的频偏也主要是制作公差（比如两层介质中间的空气层）带来的。最后，如图 3-22 所示为双圆极化天线的测试远场 E 面和 H 面方向图。对于 $n=0$ 模式（1.789 GHz），天线 H 面方向图为近似全向（变化小于 2 dB），E 面方向图为近似 8 字，贴片边射方向没有辐射。该模式最大增益为 1.4 dB。对于 $n=+1$ 模式（2.053 GHz），天线具有传统贴片天线的边射方向图，

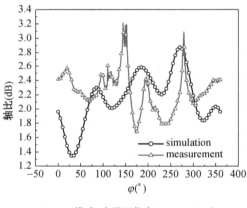

(a) $n=0$ 模式（水平面仿真 1.726 GHz 和测试 1.789 GHz）

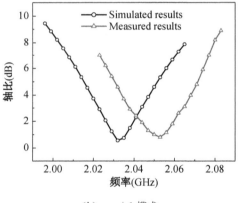

(b) $n=+1$ 模式

图 3-21　天线轴比图

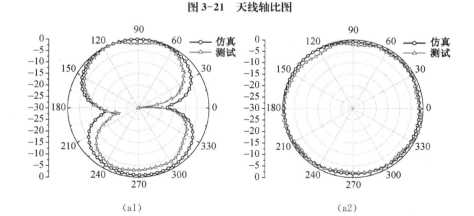

(a1)　　　　　　　　　　(a2)

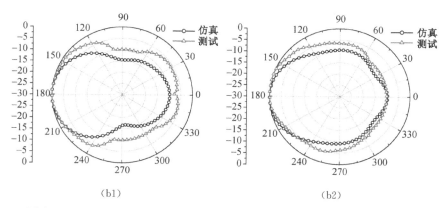

图 3-22 测试远场方向图:(a1) E 面(仿真 1.726 GHz,测试 1.789 GHz);(a2) H 面(仿真 1.726 GHz, 测试 1.789 GHz); (b1) E 面(仿真 2.032 GHz;测试 2.053 GHz);(b2) H 面(仿真 2.032 GHz,测试 2.053 GHz)

最大增益在垂直贴片水平面的轴向上为 5.8 dB。结果表明,仿真测试结果吻合较好。相比于上一节提出的具有全向圆极化和单向线极化的双频双模天线,该天线在带宽、增益、效率方面相近,但是本节提出的天线方案具有双模双圆极化的独特性能,使其在无线通信系统中更具有实际应用价值。

3.7 基于人工电磁结构的多频多模圆形微带天线设计

前面几节均是对方形贴片加载人工电磁结构的多频多模多极化天线进行研究与设计,本节将针对圆形贴片天线加载环形分布的人工电磁结构的工作模式进行分析讨论,同样设计了一款新颖的基于人工电磁结构的单馈多频多模圆形微带天线。考虑到模式匹配特性,本节只探讨三个基模的辐射特性。该天线具有两个全向辐射特性的振子模式和一个位于两振子模式中间的贴片辐射模式。

3.7.1 天线设计与分析

如图 3-23 所示为本节设计的天线结构图。天线由上下两部分组成:上部分为圆形微带贴片,下部分为 mushroom 结构部分。上部分传统圆形贴片连接了四个弯折臂并在贴片中央加载了一个接地探针(尺寸为 R_7),贴片刻蚀在圆形介质基片上,基片介电常数为 ε_r,高度为 h_2,尺寸为 R_5,贴片尺寸为 R_1。下层贴片为传统方形 mushroom 结构的变形。mushroom 单元贴片中间部分刻蚀成螺旋条带结构。同样,这种变形方法能够在较大范围内调整并联电感。上层贴片下方共加载了 8 个围成一圈的 mushroom 单元。其中螺旋微带的宽度和缝隙均为 d。mushroom 变形结构印刷在下层贴片上,下层介质具有相同的介电常数 ε_r、相同

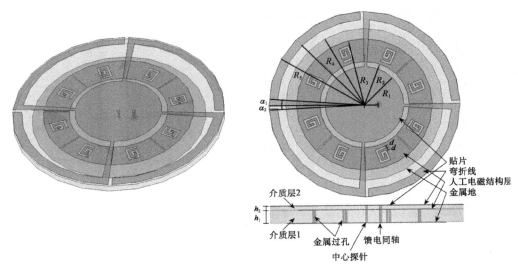

图 3-23　基于人工电磁结构的多频多模圆形微带天线结构图

的尺寸 R_5，不同的高度 h_1。馈电点与辐射贴片中心的距离为 S，通过调节该参数实现阻抗匹配。优化的尺寸参数在表 3-5 中给出并标注在图 3-23 中。

表 3-5　基于人工电磁结构的多频多模圆形微带天线参数

R_1	R_2	R_3	R_4	R_5	R_6	R_7
18.5 mm	21 mm	32 mm	37 mm	41 mm	45 mm	0.5 mm
h_1	h_2	S	α_1	α_2	ε_r	d
3 mm	1 mm	6.5 mm	4°	2°	3.5	1 mm

表 3-6　四种天线形式的基本谐振模式

天线类型	模式 1	模式 2	模式 3
A. 无任何加载天线	贴片模式 2.25 GHz		
B. 加载弯折条带天线	贴片模式 1.548 GHz	振子模式 1.716 GHz	
C. 加载弯折条带和中心短路针天线	贴片模式 1.55 GHz	振子模式 1.83 GHz	
D. 加载弯折条带、中心短路针和 EBG 修正结构的天线	振子模式 1.254 GHz	贴片模式 1.552 GHz	振子模式 1.878 GHz

如图 3-24 所示，天线可以看成是两个天线的等效演变而成的。如图 3-24(d)、(e)所示，因为内部 mushroom 单元对低阶模式($n=0,\pm1$)的辐射特性影响不大，所以可以将内部 mushroom 单元去掉，保留 16 个单元围在辐射贴片边沿下方构成方形环。该结构并不影响天线激励起多频多模特性。本书考虑的是圆形贴片模型，所以只分析振子模式，如图 3-24(f)所示。事实上，只要给圆形单元贴片加四个弯折臂就可以实现零阶谐振模式，如图 3-24(a)、(b)、(c)所示。因为两个天线的工作原理已经在文献[31-33,38]中做了较为详细地阐述，本节不对该组合天线的所有工作模式进行分析，而是只研究几个阻抗匹配较好的低阶模式。通过逐步将各人工电磁结构加载到圆形微带贴片天线，分析各加载结构对天线工作模式的影响。表 3-6 给出了天线加载了不同结构后的基本工作模式情况。

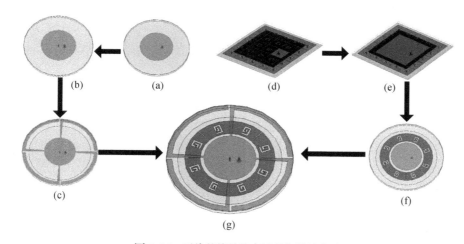

图 3-24　天线的等效演变过程和设计步骤

分析表 3-6，我们可以得到如下结论：

（1）单馈圆形微带天线的基本模式为贴片模式，天线加载弯折臂后引入了一个新的位于高频段的振子模式 1.716 GHz，同时弯折臂还能够降低贴片模式的工作频率，实现小型化。加载弯折臂后，贴片模式工作频率从 2.25 GHz 降到了 1.548 GHz。

（2）加载短路针，实际上是起到并联电感的作用，是人工电磁结构天线激励零阶谐振模式必不可少的因素。但是因为馈电探针也能够起到左手电感的作用，所以去掉短路探针并不会使得零阶模式消失。但是此时天线匹配情况恶化很多。所以短路针起到了阻抗匹配的作用，同时因为短路针的引入，并联电感降低，两个谐振模式均往高频偏移。

（3）变形的 mushroom 结构的引入，使得天线在低频段 1.25 GHz 激励起了一个新的振子模式。考虑到阻抗匹配和实际情况，本节并不分析其他高阶工作模式。

图 3-25 给出了表 3-6 中第 4 种天线类型的三个模式的仿真三维方向图。正如前文分析的，该单馈结构激励了两个具有全向辐射特性的振子模式和一个位于两振子模式中间的贴片辐射模式。

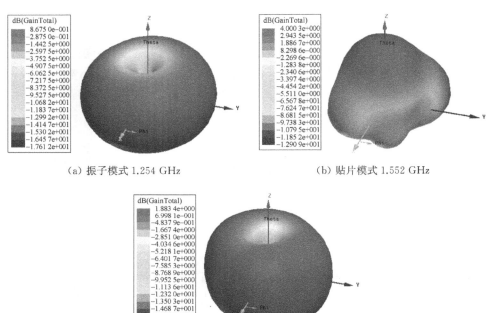

图 3-25 基于人工电磁结构的多频多模圆形微带天线仿真方向图

3.7.2 天线测试结果与讨论

如图 3-26 所示，制作加工了天线实物以验证分析。采用 HFSS 仿真软件优化天线尺寸，表 3-5 中给出了天线优化参数。图 3-27 给出了仿真和测试的反射系数曲线。结果表明：低频振子模式谐振在 1.24 GHz 时，−6 dB 阻抗带宽为 2.4%；贴片模式谐振在 1.585 GHz 时，−6 dB 阻抗带宽为 1.2%；高频振子模式谐振在 1.895 GHz 时，−6 dB 阻抗带宽为 4.5%。测试结果比仿真结果略微向高频偏移。这主要是由于加工误差，如焊接误差和两层介质中间空气层的影响。但是相比于文献[31]而言，该天线的测试与仿真结果吻合度高很多。通过引入空气层或者采用介电常数更低、厚度更厚的介质板将能够展宽天线带宽。

第3章 基于人工电磁结构的多频多模多极化天线的理论分析与设计实现

(a) 正面图　　　　　(b) 背面图

图 3-26　基于人工电磁结构的多频多模圆形微带天线实物图

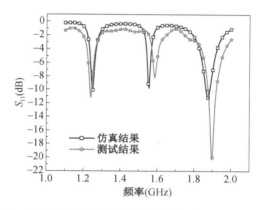

图 3-27　基于人工电磁结构的多频多模圆形微带天线仿真和测试反射系数曲线

最后,如图 3-28 所示为天线测试远场 E 面和 H 面方向图。对于低频振子模式(1.24 GHz),天线 H 面方向图为近似全向,E 面方向图为近似 8 字,其中贴片边射方向没有辐射。该模式最大增益为 0.4 dB。对于第二个模式,天线具有传统贴片天线的边射方向图,最大增益在垂直贴片水平面的轴向上为 3.5 dB。对于高频振子模式(1.895 GHz),天线 H 面方向图为近似全向,该模式最大增益为 1.2 dB。

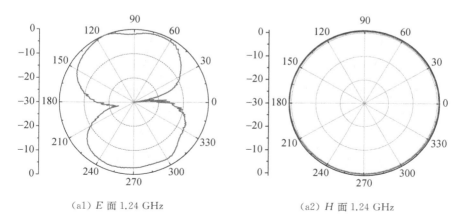

(a1) E 面 1.24 GHz　　　　　(a2) H 面 1.24 GHz

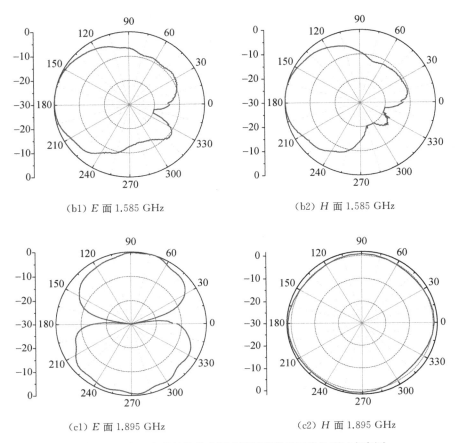

(b1) E 面 1.585 GHz (b2) H 面 1.585 GHz

(c1) E 面 1.895 GHz (c2) H 面 1.895 GHz

图 3-28　人工电磁结构的多频多模圆形微带天线的测试方向图

由于加载结构引入了一定金属和介质损耗,相比于传统贴片天线而言,该人工电磁结构加载天线在方向图、增益、效率方面略有下降。

3.8　本章小结

本章首先通过引入 CRLH TL 模型分析人工电磁结构微带天线的电磁特性,得到了天线的色散特性曲线和近似等效电路,从理论上验证了人工电磁结构天线天然具有多频多模电磁特性的结论。

在理论分析的基础上,首先设计了方形贴片的人工电磁结构多频多模天线以验证结论。天线具有 $n=-1,0,+1$ 三个模式,分别具有贴片模式、振子模式和贴片模式的远场方向图。通过对基于人工电磁结构加载的多频多模天线的场分析可知辐射贴片尺寸形状并不影响零阶谐振模式的辐射特性。采用对辐射贴片切

第3章 基于人工电磁结构的多频多模多极化天线的理论分析与设计实现

角、加弯折臂以及开斜槽等传统微扰方法,分别设计实现了基于人工电磁结构的振子模式线极化贴片模式线极化、振子模式线极化贴片模式圆极化、振子模式圆极化贴片模式线极化和振子模式圆极化贴片模式圆极化四类多频多模多极化天线。最后对圆形微带贴片天线加载人工电磁结构实现多频多模特性进行了理论分析和天线设计。理论和实验证明,人工电磁结构圆形贴片天线具有两个全向辐射特性的振子模式和一个位于两振子模式中间的贴片辐射模式。

相比于传统多频多模多极化平面天线,基于人工电磁结构的同轴单馈多频多模多极化天线理论体系更加完善,设计方法更加简单,且具有低剖面、方向图可选择性和极化多样性等特点,必将在现代通信系统中具有广泛的应用前景。

参考文献

[1] James J R, Hall P S. Handbook of Microstrip Antenna., Vol.1[M]. London: Peter Peregrinus, 1989.

[2] Pozar D M, Duffy S M. A dual-band circularly polarized aperture-coupled stacked microstrip antenna for global positioning satellite[J]. IEEE Trans. Antenna and Propagation, 1997, 45:1618-1624.

[3] Waterhouse R B, Targonski S D, Kokotoff D M. Design and performance of small printed antennas[J]. IEEE Trans. on Antennas and Prop., 2003, 46(11):1629-1633.

[4] Nunes R, Moleiro A, Rosa J, et al, Dual-band microstrip patch antenna element with shorting pins for GSM[J]. IEEE Antennas and Propagation Society Int. Symp., 2000, 2: 16-21.

[5] Decroze C, Villemaud G, Torres F, et al. Single feed dual mode wire patch antenna[J]. Antennas and Propagation Society International Symposium, 2002, 1:22-25.

[6] Chen Q, Kurahashi M, Sawaya K. Dual-mode patch antenna with pin diode switch[C]. Antennas, Propagation and EM Theory Proceedings, 2003 6th International Symposium, 2003:66-69.

[7] Du S, Chu Q X, Liao W. Dual-band circularly polarized stacked square microstrip antenna with small frequency ratio[J]. J. of Electromagn. Waves and Appl., 2010, 24:1599-1608.

[8] Wong K L, Chiou T W. Broad-band dual-polarized patch antennas fed by capacitively coupled feed and slot-coupled feed[J]. IEEE Trans. Antennas Propag., 2002, 50(3): 346-351.

[9] Sim C Y D, Chang C C, Row J S. Dual-feed dual-polarized patch antenna with low cross polarization and high isolation[J]. IEEE Trans. Antennas Propag., 2009, 57(10): 3321-3324.

[10] Serra A A, Nepa P, Manara G, et al. A wide-band dual-polarized stacked patch antenna [J]. IEEE Antennas and Wireless Propagation Lett. 2007, 6:141-143.

[11] Hong Y P, Kim J M, Jeong S C. Low-profile S-band dual-polarized antenna for SDARS Application[J]. IEEE Antennas Wireless Propag. Lett., 2005,4:475-477.

[12] Lee C, Leong K M, Itoh T. Composite right/left-handed transmission line based compact resonant antennas for RF module integration[J]. IEEE Trans. Antennas Propag., 2006, 54(8):2283-2291.

[13] Lai A, Leong K, Itoh T. Infinite wavelength resonant antennas with monopolar radiation pattern based on periodic structures[J]. IEEE Trans. Antennas Propag., 2007,55(3): 868-876.

[14] Antoniades M, Eleftheriades G V. A folded-monopole model for electrically small NRI-TL metamaterial antennas[J]. IEEE Antennas Wireless Propag. Lett., 2008,7:425-428.

[15] Niu J X. Dual-band dual-mode patch antenna based on resonant-type metamaterial transmission line[J]. Electronics Letters, 2010,46(4):266-268.

[16] Dong Y D, Itoh T. Miniaturized substrate integrated waveguide slot antennas based on negative order resonance[J]. IEEE Trans. on Antennas and Prop., 2010, 58(12): 3856-3864.

[17] Francisco J H M, Vicente G P, Luis E G M, et al. Multifrequency and dual-mode patch antennas partially filled with left-handed structures[J]. IEEE Trans. on Antennas and Prop., 2008,56(8):2527-2539.

[18] Sievenpiper D, Zhang L, Broas R F J, et al. High-impedance electromagnetic surfaces with a forbidden frequency[J]. IEEE Trans. Microw. Theory Tech., 1999, 47(11): 2059-2074.

[19] Yang F R, Ma K P, Qian Y, et al. A uniplanar compact photonic-bandgap(UC-PBG) structure and its applications for microwave circuit[J]. IEEE Trans. Microw. Theory Tech., 1999,47(8):1509-1514.

[20] Gonzalo R, De Maagt P, Sorolla M. Enhanced patch-antenna performance by suppressing surface waves using photonic-bandgap substrates[J]. IEEE Trans. Microw. Theory Tech., 1999,47(11):2131-2138.

[21] Yang F, Rahmat-Samii Y. Microstrip antennas integrated with electromagnetic band-gap (EBG) structures: A low mutual coupling design for array applications[J]. IEEE Trans. Antennas Propag., 2003,51(10):2936-2946.

[22] Liang J, Yang H Y D. Analysis of a proximity coupled patch antenna on a metalized substrate[C]. in Proc. IEEE AP-S International Symposium, Albuquerque, NM, Jul. 9-14, 2006:2287-2290.

[23] Liang J, Yang H Y D. Radiation characteristics of microstrip patch over on electromagnetic bandgap surface[J]. IEEE Trans. Antennas Propagat., 2007, 55(6): 1691-1697.

[24] Suntives A, Abhari R. Design of a compact miniaturized probe-fed patch antenna using electromagnetic bandgap structures[C]. in Proc. IEEE AP-S International Symposium,

Sept. 2, 2010:1-4.

[25] Liang J, Yang H Y D. Microstrip patch antennas on tunable electromagnetic band-gap substrates[J]. IEEE Trans. Antennas Propagat., 2009,57(6):1612-1617.

[26] Antoniades M A, Eleftheriades G V. A broadband dual-mode monopole antenna using NRI-TL metamaterial loading[J]. IEEE Antennas Wireless Propag. Lett., 2009,8(4): 258-261.

[27] Mirzaei H, Eleftheriades G V. A compact frequency-reconfigurable metamaterial-inspired antenna[J]. IEEE Antennas and Wireless Propagantion Letters, 2011, 10(3): 1154-1157.

[28] Colladey S, Tarot A C, Pouliguen P, et al. Use of electromagnetic band gap materials for Rcs reduction[J]. Microwave and Opt Tech Lett., 2005, 44(6):546-550.

[29] Caloz C, Itoh T. Electromagnetic Metamaterials: Transmission Line Theory and Microwave Applications[M]. Hoboken-Piscataway: Wiley-IEEE Press, 2005.

[30] Elek F, Eleftheriades G V. Dispersion analysis of the shielded Sievenpiper structure using multiconductor transmission-line theory[J]. IEEE Microwave and Wireless Component Letters, 2004,14(9):434-436.

[31] Cao W Q, Zhang B N, Yu T B, et al. Single-feed dual-band dual-mode and dual-polarized microstrip antenna based on metamaterial structure[J]. J. of Electromagn. Waves and Appl., 2011,25(13):1909-1919.

[32] Park B C, Lee J H. Omnidirectional circularly polarized antenna base on meta material transmission line[J]. IEEE AP-S, 2009.

[33] Park B C, Lee J H. Omnidirectional circularly polarized antenna utilizing zeroth-order resonance of epsilon Negative Transmission Line[J]. IEEE Trans. Antennas Propag., 2008,56(7):1845-1852.

[34] Leung K W, Ng H K. The slot-coupled hemispherical dielectric resonator antenna with a parasitic patch: Applications to the circularly polarized antenna and wideband antenna[J]. IEEE Trans. Antennas Propag., 2005,53(5):1762-1769.

[35] Ramirez R R, Flaviis F D, Alexopoules N G. Single-feed circularly polarized microstrip ring antenna arrays[J]. IEEE Trans. Antennas Propag., 2000,48(7):1040-1047.

[36] Park B C, Lee J H. Dual-band omnidirectional circularly polarized antenna using zeroth- and first-order modes[J]. IEEE Antennas Wireless Propag. Lett., 2012,11(5):407-410.

[37] Chen C H, Yung E K N. A novel unidirectional dual-band circularly-polarized patch antenna[J]. IEEE Trans. on Antennas and Prop., 2001,59(8):3052-3057.

[38] An J, Wang G M, Zhang C X, et al. A compact omni-directional circularly polarized microstrip antenna[J]. Microwave Journal, 2010,53(1):82,84,86,88,90.

第4章
基于人工电磁结构的宽带天线分析与设计

4.1 前言

在天线的所有参量中,天线的工作带宽是天线性能最为重要的指标之一。天线的各个参量包括输入阻抗、增益、轴比、方向图、隔离度等都会随着工作频率的变化而变化。通常,天线带宽是相对于某个具体参量而言的,可以称为阻抗带宽、增益带宽、轴比带宽、方向图带宽、隔离度带宽等。如果同时对几个天线参量提出性能要求,则天线的带宽应取其中符合要求的频率范围最窄的一个。因此天线所有参量满足设计要求的频率范围才是天线的带宽。

近十几年来,微带天线得到了迅猛发展,带宽问题也取得了很大突破。提高微带天线带宽的方法也逐渐多样化,包括采用厚的泡沫或空气层代替介质[1-4]或引入寄生贴片[5-6];采用特殊的馈电方式,如 CPW 馈电[7]、缝隙耦合馈电[8];利用加载技术,如短路探针加载和文献[9-10]中采用的电阻加载;以及采用新型材料,如 AMC、EBG[11]等。提高微带天线带宽的方法都有各自的优缺点。采用厚的泡沫或是空气层作介质和引入寄生贴片的方法能够有效提高天线的带宽且还能提高天线的增益,但采用这两种方法设计的天线往往尺寸偏大,易失去微带天线的低剖面特性。采用 CPW 或是缝隙耦合的馈电方法可以保证天线低剖面和易集成的特性,但是此类天线的后向辐射较大,而且天线性能易受背面集成电路的干扰。探针和电阻加载的方法有利于小型化设计,但是以牺牲了天线的效率为代价的。传统的 EBG 结构加载尽管可以在不改变高度的情况下提高天线的带宽,但是往往需要引入周期性结构,会增大天线的横向尺寸。可见,提高微带天线带宽的基本途径是降低微带天线等效谐振腔的品质因数,但往往是以增大天线尺寸(横向或纵向)为条件或是以牺牲天线效率为代价的。天线的尺寸、效率、增益和带宽等各个参量都是互相关联、相互制约的,所以在设计宽带天线时需要综合考虑天线的其他性能。

迄今为止,基于人工电磁结构加载实现多频多模电磁特性的报道中鲜有对各个模式工作带宽进行理论分析。对于第3章提出的各种多频多模多极化天线,天线各个模式的带宽仅仅维持在0.5%~5%。因此,工作带宽窄成为人工电磁结构天线的一大缺陷,大大限制了该类天线的应用推广。尤其是对于零阶谐振模式,低剖面的特性直接影响了其工作带宽。为了解决ZORA的带宽问题,很多学者采用了诸如低介电常数的厚介质板或者多层板等方法[12-13],但是此类天线的制作略显复杂,而天线带宽也只有6%~8%。另外一种方法就是激励起多个相互靠近的谐振频点[14],但是天线带宽也只增加到3.1%。另一方面,共面波导(CPW)馈电的ZORA可以简化天线制作过程。T. Jang等人设计了三个紧凑型的ZORA,分别是对称型、非对称型和集总电感加载型,所有天线由单层介质板实现且无过孔。论文采用CPW技术使得等效电路的并联参数具有设计自由度,通过在上表面贴片加枝节和在下表面加部分金属贴片的方法实现了4.8%~8.9%的带宽[15]。

本章首先采用电磁场理论,从场能角度分析各个谐振模式的品质因数(Q值)、储能、耗能和总能与电路参数(C_L,L_L,C_R,L_R)的数值关系,进而获得天线工作带宽与各个参量的相互关系。然而,如何获得良好的阻抗匹配特性,馈电激励是相对于腔体理论更为实用的一种方法。结合谐振腔理论分析,本书研制了三款基于CPW馈电的宽带紧凑型ZORA以验证理论分析,测试带宽达到了30%。这一部分将在4.2节给出。

相对于在很宽频带内驻波系数良好、方向图稳定,且覆盖所有工作频段的宽带天线方案而言,可重构天线是展宽天线工作带宽的另外一种天线形式。在保证天线辐射特性不变的基础上,实现天线工作频率可调,能够大大拓展天线的工作带宽。而基于人工电磁结构的可重构天线是一个崭新的领域,具有很好的理论和应用价值。设计人工电磁结构加载的多频多模可重构天线,一般采用两种方案。一种方案是通过对天线辐射部分形状可重构,如结合切角、开槽、加载探针或集总元件等常规技术,运用PIN结开关、MEMS开关或压控电容电感实现电控。根据前文的论证,辐射贴片的形状和大小对振子模式影响并不大,所以可以用这些方法控制贴片模式的工作频率、极化方式,从而实现工作频率可重构、极化方式可重构。综合运用多种方式则可以实现工作频率和极化方式同时可重构。这些方法在最近几年的文献中已经初见端倪。然而对辐射单元的偏压控制电路会在一定程度上影响到天线的远场辐射特性。另一种方案则是通过对馈电部分进行控制,实现对人工电磁结构天线的工作频率、辐射模式和极化方式的可重构设计。本章4.3节将对第二种方案进行研究分析,提出一种新颖的、具有方向图可选择性和极化多样性的人工电磁结构天线,在展宽天线两个工作状态模式带宽的同时,实现了频率、方向图和极化同时可重构的奇特性能。

新型人工电磁结构的一大特性就是其非线性的传输特性。早在20世纪70年代,相移传输线就广泛应用在设计移相器、耦合器、巴伦、串馈线和功分器等微波器件中。传统传输线的线性移相特性使其尺寸很大、功能有限。近年来，CRLH TL凭借其非线性的相移特性设计出了很多新颖的微波器件和天线[16-23]。然而CRLH TL的左右手工作频段的平衡态对传输线的结构非常敏感，通过控制CRLH TL的长度很难获得平衡的任意的相移特性。这种状况直到X.Q.Lin等提出了一种基于SIW技术的紧凑型半封闭式CRLH TL结构才得到改观[24-25]。这种结构容易与其他器件和天线集成，并且耦合效应小。本书在此基础上，分析了该CRLH TL结构在双频点条件下的相移特性，并且基于4.3节的可重构天线概念，设计了传输线在双频点上相移特性分别为(90°, 0°)和(180°, 0°)时的两个传输线结构，然后对馈电部分进行改进，研制了一款单馈宽带双频双模双极化人工电磁结构天线。这部分将在4.4节给出。

4.2 基于人工电磁结构的宽带零阶谐振天线设计

凭借负折射、相速群速反向和零传播常数等电磁特性，人工电磁结构在微波电路和天线设计中得到了广泛应用[26-37]。在众多人工电磁结构天线中，ZORA凭借其无限波长特性以及工作频率与物理尺寸无关的特有属性，得到了广泛关注。尽管ZORA在小型化方面有优势，但是窄带特性严重限制了其应用范围[38-41]。本节采用了一种新的阻抗匹配方法来展宽CPW ZORA的带宽，通过馈电部分渐变的变形结构来改善阻抗匹配特性。加工制作了三个天线实物以验证理论分析。测试结果表明，其−10 dB阻抗带宽均超过30%，且天线结构简单，宽带很宽，在无线通信中具有良好的应用价值。

4.2.1 天线设计与分析

因为天线工作在谐振模式，所以我们可以先从谐振腔的能量角度推导天线的带宽公式。因为ZORA模型为终端开路谐振器，平均电能W_e储存在C_R中，为[15]：

$$W_e = 1/4 |V^2| NC_R \quad (4-1)$$

平均磁能W_m储存在L_L，为：

$$W_m = 1/4 |V^2| \frac{N}{\omega^2 L_L} \quad (4-2)$$

因为当电能与磁能相等时产生谐振，所以品质因数Q为：

$$Q = \omega_{sh} \frac{2W_m}{P_{loss}} = \frac{1}{G}\sqrt{\frac{C_R}{L_L}} \quad (4-3)$$

因此,谐振器的带宽为:

$$BW = \frac{1}{Q} = G \cdot \sqrt{\frac{L_L}{C_R}} \quad (4\text{-}4)$$

由式(4-4)可知,并联电感越大,或者并联电容越小,零阶谐振模式的带宽就越宽。我们可以根据此原则设计出人工电磁结构宽带天线。对于多频多模天线的其他模式(比如贴片模式),则可以采用常规的微带天线带宽技术展宽天线带宽。

基于前文分析,谐振器要获得宽带特性,应尽量选取大的 L_L 或者小的 C_R。因此,应尽量采用大的集总电感元件,本设计取 3.3 nH 电感,考虑到焊接因素,顶层贴片和共面地的距离为 2 mm 不变,天线的电感 L_L 和电容 C_R 均为定值。要想进一步展宽天线带宽,则需要寻找新的方法。本设计采取的是优化馈电激励的方案,通过使用馈电渐变结构,改善 CPW 馈电 ZORA 匹配特性,以展宽天线带宽。

如图 4-1 所示为本节提出的集总电感片加载的 CPW 馈电 ZORA 结构。图 4-1(a)为文献[15]中的第三类集总电感加载型 ZORA。图 4-1(b)、(c)、(d)为本书提出的为展宽带宽而设计的变形结构天线。天线的工作原理可以由图 4-2 所示的 CRLH TL 单元结构 L 型等效电路解释。单元结构包含了串联电感电容以及并联电感电容。本书提出的 ZORA 属于终端开路传输线类型,详细的工作原理

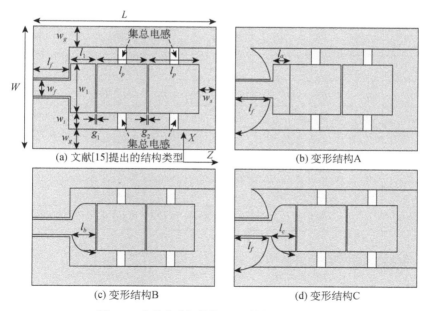

图 4-1 集总电感加载的 CPW 馈电 ZORA 结构

分析参见本书第 2 章或参见文献[15]。所用的 CPW 结构的并联参数是由顶部贴片与共面地间的并联电容以及加载集总电感元件引入的并联电感获得并调控的。天线的所有谐振模式不详细讨论。本节只关注加载渐变结构后零阶谐振模式的阻抗匹配特性。三种变

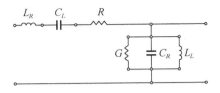

图 4-2 CRLH TL L 型等效电路模型

形结构描述如下：①变形结构 A，如图 4-1(b)所示，共面波导地部分渐变；②变形结构 B，如图 4-1(c)所示，共面波导馈电线部分渐变；③变形结构 C，如图4-1(d)所示，共面波导地和馈电线部分均渐变。三种结构的其他参数与图4-1(a)所示的文献[15]中的第三类集总电感加载型 ZORA 一样。不同之处在于，原先天线下表面用于调节匹配特性而加载的部分金属贴片被去掉了，这样天线具有更为简单的单面图案结构。天线优化参数如表 4-1 所示。

表 4-1 共面波导馈电零阶谐振天线参数

	(类型 D)无渐变结构	类型 A	类型 B	类型 C
L	21.8 mm	21.8 mm	22.8 mm	22.15 mm
W	15 mm	15 mm	15 mm	15 mm
l_f	4.3 mm	4.2 mm	4.7 mm	4.2 mm
w_f	2 mm	2 mm	2 mm	2 mm
w_1	6 mm	6 mm	6 mm	6 mm
$l_1/l_a/l_b/l_c$	3 mm	2 mm	3 mm	2.9 mm
g_1	0.1 mm	0.1 mm	0.1 mm	0.1 mm
g_2	0.2 mm	0.2 mm	0.2 mm	0.2 mm
w_i	2 mm	2 mm	2 mm	2 mm
w_g	2.5 mm	2.5 mm	2.5 mm	2.5 mm
l_p	6 mm	6 mm	6 mm	6 mm
w_s	2 mm	3 mm	2.5 mm	2.5 mm
电感值	3.3 nH	3.3 nH	3.3 nH	3.3 nH

4.2.2 天线测试结果与讨论

为验证分析，加工制作了三种共面波导馈电的 ZORA，实物如图 4-3 所示。HFSS 软件用于设计优化天线，天线参数如表4-1所示。3.3 nH 的集总电感采用

了自谐振频率高于 7 GHz 的 0302 Coilcraft CS 电感。

如图 4-4(a)所示，天线变形结构 A、B、C 的仿真 -10 dB 带宽分别为 17.2%、19.7%、23.5%。作为比较，没有渐变结构的结构 D 也做了仿真，但匹配效果不理想。天线实物的测试效果如图 4-4(b)所示，变形结构 A、B、C 的测试 -10 dB 带宽分别为 32.4%、31.4%、34.1%。变形结构 C 具有比其他结构更宽的带宽。测试结果比仿真结果要好很多，这可能是由于加载集总电感元件和介质板的损耗带来的。此外，天线实物的 $n=-1$ 模式和 $n=0$ 模式相互靠近，几乎工作在一起。制作公差和加载电感的容性寄生效应可能是导致测试和仿真存在偏差的原因。尽管如此，仿真和测试的吻合度还是可以接受的。

图 4-3 三款基于人工电磁结构的宽带零阶谐振天线实物图

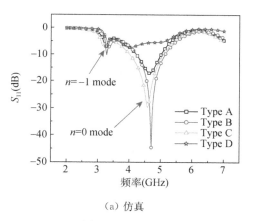

（a）仿真

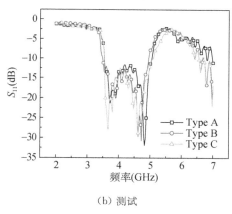

（b）测试

图 4-4 基于人工电磁结构的宽带零阶谐振天线仿真与测试反射系数

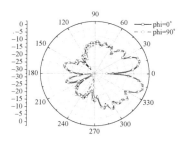

（a1）变形结构 A(3.6 GHz)

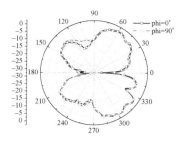

（a2）变形结构 A(4.3 GHz)

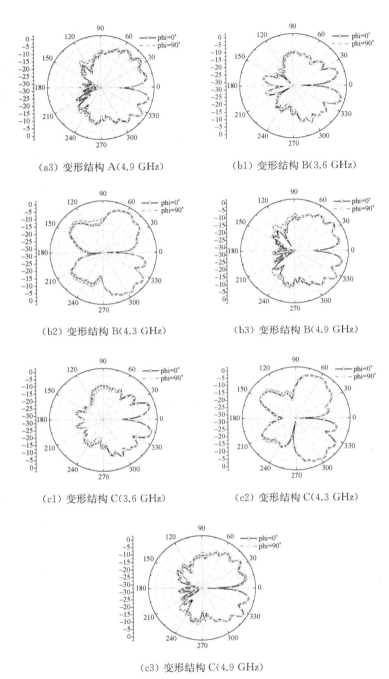

图 4-5 基于人工电磁结构的宽带 ZORA 测试方向图

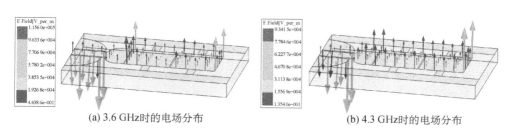

(a) 3.6 GHz时的电场分布　　　　(b) 4.3 GHz时的电场分布

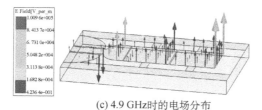

(c) 4.9 GHz时的电场分布

图 4-6　变形结构 C 天线的电场分布

如图 4-5 所示的天线测试方向图验证了近似磁偶极子模式的方向图。由于共面波导地比较小，馈电部分可以观察到电流，也就是说同轴在辐射，这就能说明为什么辐射最强的部分不在 90°和 270°的方向上。方向图偏角的大小取决于馈电部分电场的大小。如图 4-6 所示的变形结构 C 天线，馈电部分电场越大，方向图的倾角越大。此外，通过测试可得在整个工作频段内，天线效率均高于 75%。

4.3　基于人工电磁结构的频率、方向图和极化同时可重构天线设计

目前，可重构天线凭借其灵活的自由度和多功能的电磁特性在无线通信中得到了广泛的关注。频率可重构天线能够保持方向图和极化特性不变而使工作频率发生变化，从而拓展天线工作带宽[42-43]。方向图可选择性天线(即方向图可重构)可以避免噪声环境影响，提高安全性并且节约功率，从而提高整个系统的性能[44-45]。极化多样性(即极化可重构)可以避免由多径效应带来的不利衰落损耗[46-48]。可重构天线可以采用各种技术手段实现可重构和多样性的功能，比如 PIN 二极管、MEMS 开关等[49-51]。但是很少有天线同时具有方向图可选择性和极化多样性。W. L. Liu 等报道了一种方向图和极化由开关控制的微带天线[52]。但是该天线只具有两个正交的线极化，并且方向图均为边射。M. Ali 等提出了一种可重构天线，天线上频段具有圆极化的边射方向图，下频段具有线极化的锥形方向图[53]。但是多层结构和双端口馈电网络使得天线剖面较大且结构较为复杂。

本节提出了一种新颖的具有方向图可选择性和极化多样性的低剖面可重构微带天线。天线馈电网络是由开关连接3个威尔金森功分器组成的，可重构特性通过控制开关状态实现。一种控制状态是馈电网络的四个输出端口具有等幅同相的激励源，此时天线工作在人工电磁结构天线的零阶谐振模式下，具有垂直线极化的锥形方向图。另一种控制状态则是四个端口输出等幅相差循环90°的激励源，天线工作在旋转螺旋馈电的四元阵状态，具有宽带圆极化的边射方向图[56-59]。该状态的天线−10 dB 反射系数带宽和3 dB 轴比带宽分别为41%和14%。文中采用铜片而不是开关理论验证天线性能。凭借紧凑结构和可重构特性，该天线在低轨道通信系统中的车载卫星终端天线中具有应用前景。

4.3.1 天线设计与分析

如图4-7所示为基于人工电磁结构的频率、方向图和极化同时可重构天线。天线由两部分组成：上层辐射部分和下层馈电部分。上层部分由四个矩形辐射贴片组成。贴片长为 L_p，宽为 W_p，印刷在介电常数为 ε_{r2}，$\tan\delta_2=0.018$，厚度为 h_2，尺寸为 L_s 的介质板上。四个矩形辐射贴片围成环形，环形中央与介质板中心重合作为坐标原点，每个相邻贴片的间隙为 g。下层馈电网络由三个威尔金森功分器组成，其中馈线印刷在介电常数为 ε_{r1}，$\tan\delta_1=0.018$，厚度为 h_1，尺寸为 L_s 的介质板上。馈电网络的四个输出端口通过四个探针对称地连接到四个辐射贴片上。地板印刷在两层介质板中间，尺寸为 L_s。在金属地面上探针对应的位置腐蚀掉四个尺寸略大于探针半径尺寸的圆孔，起到隔离的作用。12个开关被分为两组，如图4-7所示，用白色和绿色分别区分。通过控制两组开关的状态来控制馈电网络四个输出信号的相位特性。探针距离辐射贴片边沿的距离为 d，通过调整该参数可获得较好的匹配效果。通过优化介质板和贴片尺寸使天线中心工作频率为2 GHz。天线优化参数如表4-2所示。

表4-2　　　　　　　　　　　　可重构天线参数

L_s	L_p	W_p	S	d	g	W_d
100 mm	38 mm	26 mm	42 mm	13 mm	4 mm	16 mm
h_1	h_2	ε_{r1}	ε_{r2}	Z	W_1	W_2
1 mm	4 mm	2.2	3.5	100 Ω	3.1 mm	1.8 mm

天线工作状态如下：当A组开关闭合、B组开关打开时，天线工作在锥形模式（方向图为锥形），馈电网络四个输出信号等幅同相，如图4-8(a)所示，四个辐射贴片工作在等幅同相状态。此时天线近似一个单极子天线，具有垂直线极化的锥形方向图。事实上，此时的天线就是人工电磁结构天线[54-55]。该天线可以看成是四个人工电磁结构单元围成的一个环形结构。每个负折射传输单元可以用第2

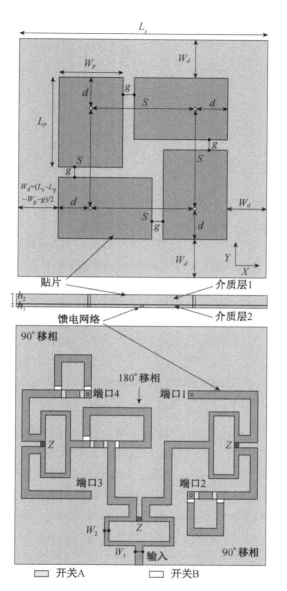

图 4-7 基于人工电磁结构的频率、方向图和极化同时可重构天线结构：正面，侧面，背面（自上而下）

章中提到的 CRLH TL 的 Π 型等效电路分析，如图 4-9 所示。单元的相移为：

$$\phi_{MTM} = \phi_{TL} + \phi_{BW} = -\omega\sqrt{LC}d + 1/(\omega\sqrt{L_0 C_0}) \qquad (4-5)$$

总的相移由两部分组成：主传输线的相移 ϕ_{TL} 和由串联电容和并联电感构成的传输线带来的后向相移 ϕ_{BW}，当 $Z_0 = (L_0 C_0)^{1/2} = (LC)^{1/2}$ 时，负折射传输单元带来的插入相移为 $0°$，天线的并联和串联无限波长零阶谐振模式工作在同一频点，此

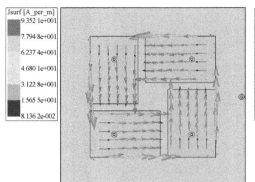 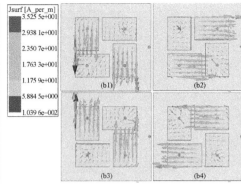

(a) 当A组开关闭合、B组开关打开时　　(b) 当A组开关打开、B组开关闭合时[(b1) $t=0$; (b2) $t=T/4$;(b3) $t=T/2$;(b4) $t=3T/4$]

图 4-8　可重构天线表面电流分布

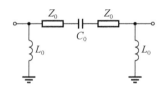

图 4-9　负折射传输线人工电磁结构 Ⅱ 型等效电路模型

时没有带隙存在。

当 A 组开关打开、B 组开关闭合时,天线工作在边射模式(方向图为边射)下,四个端口输出等幅相差循环 90°的激励源,天线近似工作在旋转螺旋馈电的四元阵状态,具有宽带圆极化的边射方向图。旋转螺旋馈电的方式能够使天线的轴比带宽、极化纯度和远场方向图对称性等在较宽频段内得到改善[58]。旋转螺旋馈电方式是线极化单元按照特殊角度和相位组阵放置产生圆极化方向图的一种方法。2×2 单元子阵的单元角度方向和馈电相位放置分别是 0°,90°,180°,270°。这样安排的系统,不仅能降低馈电复杂度,而且还可以展宽天线带宽。之所以说能够降低馈电复杂性,是因为传统的馈电可能需要四个馈电点来分别为四个单元馈电以展宽轴比带宽,而现在只需要一个馈电点即可实现各个单元的馈电。此外,相比于传统方法[59],本方法的相邻单元式交叉放置,能够大大降低单元间的互耦效应。图 4-8(b)给出了天线在 $t=0$,$T/4$,$T/2$,$3T/4$ 时刻的表面电流分布,验证了天线工作在圆极化模式。

4.3.2　天线测试结果与讨论

为验证可重构天线的特性,制作了实物,并在微波暗室进行了测试,如图 4-10

所示。对天线参数进行了优化并在表 4-2 中给出。采用尺寸为 1.5 mm×3 mm 的铜皮代替电控开关来验证本节提出的方案。

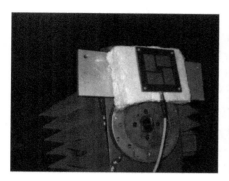 

图 4-10 可重构天线测试装置图和天线实物图

图 4-11 给出了天线锥形辐射模式和边射辐射模式的仿真和测试反射系数曲线。由 4.3.1 节可知,两种模式的工作机理完全不一样,所以两种模式的匹配特性也完全不同。对于锥形模式,测试天线中心频率工作在 2.1 GHz,−10 dB 阻抗带宽为 2.1%,而仿真天线的中心频率工作在 2 GHz,−10 dB 阻抗带宽为 2.5%。对于边射模式,天线阻抗匹配较好的频段为 1.55 GHz~2.37 GHz,−10 dB 阻抗带宽达到了 41%。测试结果比仿真结果略微向高频偏移。这主要是由于加工误差的影响,比如两层介质中间空气层以及铜皮焊接的影响等。为此还进行了仿真,在两介质板中间引入很薄的空气层来分析天线性能,验证了我们的误差分析是正确的。对于锥形模式,具有均匀电流分布的单极子的辐射电阻为[55]:

$$R_r = 160\pi^2 (h/\lambda)^2 \tag{4-6}$$

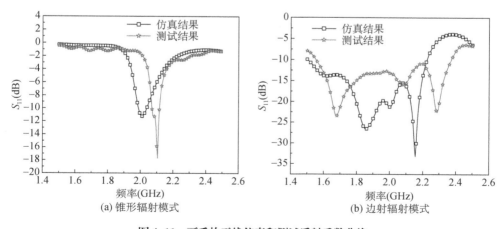

(a) 锥形辐射模式
(b) 边射辐射模式

图 4-11 可重构天线仿真和测试反射系数曲线

为了使天线的辐射电阻等于 50 Ω,高度 h_2 是一个重要的调整参数。实际上短小单极子天线的辐射电阻小于 50 Ω,所以使用更厚的板子或者引入空气层将能在一定程度上改善天线匹配特性。此外,也可以从式(4-4)得知,探针越长,L_L 越大,零阶模式的带宽将会展宽。

如图 4-12 所示为天线边射模式的仿真和测试的增益与轴比曲线。该模式的圆极化特性较好,3 dB 轴带宽达到了 14%,这主要是旋转螺旋馈电方式带来的。锥形模式和边射模式的测试最大增益分别为 2.1 dB 和 7.9 dB,而仿真的最大增益分别为 2.3 dB 和 8.0 dB。由于功分网络的使用,将给天线带来约 0.5 dB 的损耗。由于空气层的影响,天线增益曲线也往高频偏移了一点。

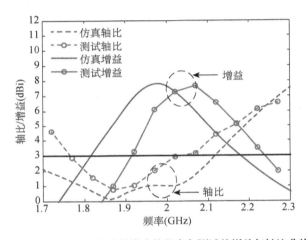

图 4-12 可重构天线边射模式的仿真和测试的增益与轴比曲线

最后,如图 4-13 所示为天线两个模式的远场 E 面和 H 面的测试方向图。对于锥形模式,天线 H 面方向图为近似全向,E 面方向图为近似 8 字,其中贴片边

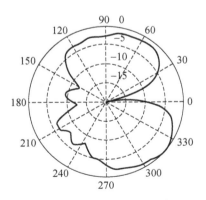

(a1) 锥形模式 E 面($\phi=0°$, 2.1 GHz)

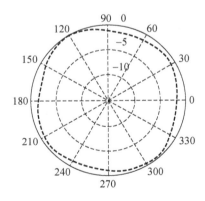

(a2) 锥形模式 H 面($\phi=90°$, 2.1 GHz)

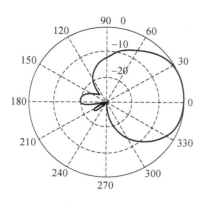 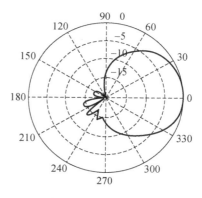

(b1) 边射模式 E 面($\phi=0°$, 2 GHz)　　(b2) 边射模式 H 面($\phi=90°$, 2 GHz)

图 4-13　可重构天线测试远场方向图

射方向没有辐射。由于测试环境的地板较大,导致最大辐射方向偏离水平地面方向,偏离角度约为 30°。对于边射模式,天线具有传统贴片天线的边射方向图,验证了分析。

基于人工电磁结构的双频双模双极化可重构微带天线,不仅大大提高了天线不同工作模式的工作带宽,而且此类天线同时具有方向图可选择性和极化多样性,拓宽了可重构天线的种类,在未来的无线通信系统中具有潜在的应用价值。

4.4　基于人工电磁结构的宽带双频双模双极化天线设计

人工电磁结构的强谐振特性使得此类新型天线带宽很窄。4.2 节采取馈电结构的渐变形式展宽了人工电磁结构天线的零阶谐振模式带宽。4.3 节则是引入了可重构天线的概念,对 4 元阵的馈电网络进行电控,通过控制开关的工作状态,天线可以工作在两个不同的模式下。尽管此类人工电磁结构天线带宽较宽,且具有方向图可选择性和极化多样性的优异特性,但是 12 个开关的引入既增加了制作的复杂度,也带来了更高的成本需求。此外,12 个开关的控制电路设计也需特别考虑,因为偏压电路的线路布置很有可能会对天线方向图,尤其是振子模式的方向图产生影响,从而破坏天线性能。

具有移相特性的传输线被广泛应用在设计微波器件中,然而传统线性传输线的尺寸较大。T. Itoh 等提出的 CRLH TL 结构具有非线性的相移特性,但是左右手工作频段的平衡态对尺寸结构非常敏感[16]。X. Q. Lin 等提出的半封闭式 CRLH TL 结构改善了非线性传输线的特性[24-25]。本节首先分析半封闭式 CRLH TL 结构的双频点情况下的相移特性,设计了在(f_1, f_2)频点上相移特性分别为(90°, 0°)和(180°, 0°)的两个传输线结构并进行了验证。通过使用两个双频点传输线结构,设计了一个一分四的天线馈电网络,馈电结构在两个频段上分别工作在不同的模式下。天线的辐射结构与4.3节的可重构天线相同,该部分由4个辐射贴片对称地放置构成一个环。随后分析了人工电磁结构天线的两个工作模式。HFSS软件用于优化设计天线模型,最后加工制作了该双频双模双极化天线。

4.4.1 复合左右手传输线的双频点相移特性

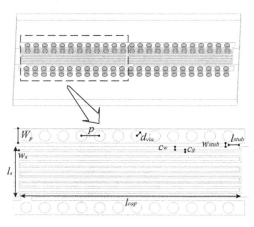

图 4-14 复合左右手传输线结构

如图 4-14 所示为 CRLH TL 结构,与文献[24-25]基本相同。CRLH TL 单元是由串联交趾电容和两个耦合枝节电感组成。其中枝节电感连接在两排金属过孔阵列上。金属过孔阵列可以看成是金属墙。CRLH TL 印刷在厚度为 h_1,相对介电常数为 ε_r,$\tan\delta_1 = 0.018$ 的介质板上。参数 l_{cap},l_{stub},w_{stub} 和 W_p 分别表示交趾电容长度,短路枝节的长度和宽度以及连接组成金属墙过孔的金属条带的宽度。过孔的取值需满足下列条件:

$$p/\lambda < 1/10, \ d_{via}/p < 1/2 \tag{4-7}$$

其中,λ 为自由空间工作波长,d_{via} 是过孔直径,而 p 是两个过孔之间的间距。

图 4-15 给出了 CRLH TL 单元的 L 型等效电路模型。左手部分包括串联交趾电容 C_L 和短路到过孔墙的枝节电感 L_L,而右手部分则是由交趾电容和枝节电感的寄生效应带来的并联电容 C_R 和串联电感 L_R,R_S 和 G_P 代表结构损耗。

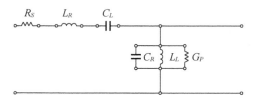

图 4-15 复合左右手传输线单元的 L 型等效电路模型

该人工电磁结构采用了半封闭式结构,采用过孔墙,具有隔离度高、耦合小、插损低的特点;因为金属孔壁及 L_L 的独特构成形式,容易获得左右手频段的平衡过渡。此外,该结构还具有易于与其他器件集成的优点。特别是,这种新型复合传输线同时具有 CPW 结构的特点,可以直接从微带系统移植到 CPW 系统。同样地,也可以将这种结构枝节与新型的基片集成波导(SIW)集成。这一性能将在第 7 章展开分析与应用。

表 4-3　　　　　复合左右手传输线的参数值　　　　　(单位:mm)

W_p	p	d_{via}	l_{stub}	w_{stub}	w_s	l_s	l_{cap}	C_g	C_w
0.8	1	0.3	0.6	0.2	0.2	2.9	13	0.1	0.2

表 4-4　　　　　天线的参数值

L_{s1}	L_{s2}	L_p	W_p	S	s_x	s_y	d_x	d_y
110 mm	130 mm	60 mm	22 mm	54 mm	6 mm	17 mm	22 mm	11 mm
h_1	h_2	h_3	W_1	W_2	g	Z	ε_r	
1 mm	7.8 mm	1 mm	2.9 mm	1.7 mm	5 mm	100 Ω	2.2 mm	

因为单频点的传输特性和相移特性在文献[24-25]中做了较为详细的分析,这里不再赘述。本书研究双频点的情况。

首先分析 CRLH TL S_{21} 的相移特性与单元个数 n 的关系,如图 4-16 所示。可以看出单元个数对相移曲线的斜率影响很大。n 越大,相移曲线的斜率越大。传统微带线的相位特性为[60]:

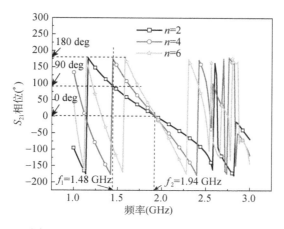

图 4-16　S_{21} 的相移特性与单元个数 n 的关系

$$\phi_s = -\beta l_s \approx \frac{-2\pi\sqrt{\varepsilon_e}}{\lambda_0} \cdot l_s = \frac{-2\pi\sqrt{\varepsilon_e} \cdot l_s}{c} \cdot f \quad (4-8)$$

其中,β 是传播常数,ε_e 是微带线的等效介电常数,可表示为式(4-9)[30]:

$$\varepsilon_e = \frac{1+\varepsilon_r}{2} + \frac{1-\varepsilon_r}{2}\sqrt{\frac{1}{1+\frac{10h}{W}}} \tag{4-9}$$

因此，$\varepsilon_e = 1.884, \phi_s(\deg) = -1.647 l_s \cdot f$，可以看出传统传输线具有线性的相位特性。传输线 l_s 越长，相位曲线斜率越大。综上可以得出结论：CRLH TL 具有非线性的相移特性；两种传输线具有相同的变化趋势，线越长，相位曲线斜率越大。

下面观察两个不同频点的相位特性。设计两个相移传输线，使得在 (f_1, f_2) 频点上分别具有 $(90°, 0°)$ 和 $(180°, 0°)$ 的相移量。如图 4-16 所示，我们发现对于 CRLH TL，$f_1 = 1.48$ GHz，$f_2 = 1.94$ GHz 是两个有用的点。当 $n=2$ 时，(f_1, f_2) 的相移正好为 $(90°, 0°)$，当 $n=4$ 时，(f_1, f_2) 的相移正好为 $(180°, 0°)$。参数优化值在表 4-3 中给出，图 4-17 为两个传输线的结构图。

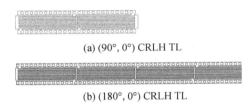

(a) $(90°, 0°)$ CRLH TL

(b) $(180°, 0°)$ CRLH TL

图 4-17 双频点 (f_1, f_2) 的特性

为做比较，传统传输线的两个频点 (f_1, f_2) 的相位响应为：

$$\phi_s(f_1) = -1.647 l_s \cdot f_1 \tag{4-10}$$

$$\phi_s(f_2) = -1.647 l_s \cdot f_2 \tag{4-11}$$

我们可以通过下式得到传输线的长度：

$$\Delta\phi_s = \phi_s(f_2) - \phi_s(f_1) = -1.647 l_s \cdot (f_2 - f_1) \tag{4-12}$$

对于 $(90°, 0°)$ 的情况，

$$l_s = \Delta\phi_s / [-1.647 \cdot (f_2 - f_1)] = 90/(1.647 \times 0.46) = 118.8 \text{ mm} \tag{4-13}$$

对于 $(180°, 0°)$ 的情况，

$$l_s = \Delta\phi_s / [-1.647 \cdot (f_2 - f_1)] = 180/(1.647 \times 0.46) = 237.6 \text{ mm} \tag{4-14}$$

而 CRLH TL 在两种情况下的长度分别为：

$$l_{\text{CRLH}(n=2)} = l_{cap} \cdot 2 + 3 \cdot W_s + 2 \cdot C_g = 26.8 \text{ mm} \tag{4-15}$$

$$l_{\text{CRLH}(n=4)} = l_{cap} \cdot 4 + 5 \cdot W_s + 4 \cdot C_g = 54.4 \text{ mm} \tag{4-16}$$

可以看出,CRLH TL 相对于传统传输线长度减少了近 77%,所以采用的 CRLH TL 在设计双频点(90°, 0°)和(180°, 0°)移相传输线时具有更好的小型化优势。

4.4.2 天线设计与分析

如图 4-18 所示为天线结构。天线由 3 层组成:辐射部分、馈电网络部分以及中间的空气层部分。上层部分由 4 个矩形辐射贴片组成。贴片长为 L_p,宽为 W_p,印刷在介电常数为 ε_r,$\tan\delta_2 = 0.018$,厚度为 h_3,尺寸为 L_{s1} 的介质板上。4 个矩形辐射贴片围成环形,环形中央与介质板中心重合处作为坐标原点,每个相邻贴片的间隙为 g。下层馈电网络由 3 个威尔金森功分器组成,其中馈线印刷在

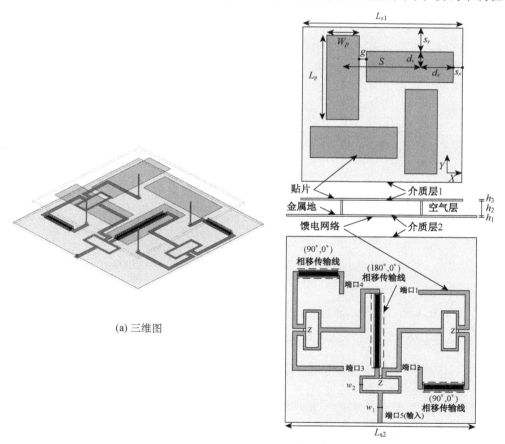

(a) 三维图

(b) 正面(辐射部分);侧面和背面(馈电网络)(自上而下)

图 4-18 基于人工电磁结构的宽带双频双模双极化天线结构

介电常数为 ε_r，$\tan\delta_1 = 0.018$，厚度为 h_1，尺寸为 L_{s2} 的介质板上。馈电网络的 4 个输出端口通过 4 个探针对称地连接到 4 个辐射贴片上。地板印刷在下层介质板的上表面，尺寸为 L_s。在上下两层介质板中间存在空气层。在金属地面探针对应的位置上腐蚀掉 4 个尺寸略大于探针半径尺寸的圆孔，起到隔离的作用。第 4.4.1 节设计的双频点（f_1, f_2）的（90°, 0°）和（180°, 0°）传输线加载在馈电网络中，控制 4 个输出信号的相位特性。探针距离辐射贴片边沿的距离为（d_x, d_y），通过调整该参数可以获得较好的匹配效果。天线的优化参数在表 4-3 和表 4-4 中给出。

图 4-18 给出了天线馈电网络的结构图。3 个威尔金森功分器通过连接传统传输线和 4.4.1 节设计的双频点 CRLH TL 实现了一个一分四的功分网络。馈电网络与 4.3 节给出的方案非常接近，区别就在于引入了（90°, 0°）和（180°, 0°）相移传输线控制 4 个输出端口的输出相位，而不是开关。图 4-19(a) 显示了馈电网络的 4 个输出端口在 1.25 GHz~2.5 GHz 的范围内幅度几乎相等。图 4-19(b) 显示 4 个输出端口在 f_2=1.94 GHz 相位相等，而在 f_1=1.48 GHz 相邻端口存在 90°相差。相比于 4.3 节给出的方案，通过引入 CRLH TL 实现了输出的两种状态，无须使用开关，使得天线的结构得到简化，成本得到降低。

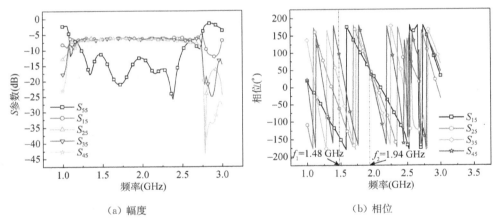

(a) 幅度   (b) 相位

图 4-19 基于人工电磁结构宽带双频双模双极化天线馈电网络的 S 参数

天线的辐射部分与 4.3 节类似，但是因为引入了新的空气层，天线优化尺寸不一样，如图 4-18 所示。当输入信号频率为 f_1=1.48 GHz，天线工作在边射模式（辐射边射远场方向图）。4 个输出端口具有等幅相差循环 90°的激励源，天线近似工作在旋转螺旋馈电的 4 元阵状态，具有宽带圆极化的边射方向图。旋转螺旋馈电的方式能够使天线的轴比带宽、极化纯度和远场方向图对称性等在较宽频带内得到改善。为验证该分析，图 4-20(a) 给出了圆极化天线在 $t=0, T/4, T/2, 3T/4$ 时刻的表面电流分布。由此可以清楚地看到，天线工作在圆极化模式

当输入信号频率为 $f_2=1.94$ GHz 时,天线工作在锥形模式(方向图为锥形远场方向图)。因为馈电网络的 4 个输出信号等幅同相,如图 4-20(b)所示,所以 4 个辐射贴片工作在等幅同相状态。此时天线近似为一个单极子天线,所以具有垂

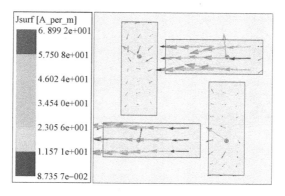

(a1) $f_1=1.48$ GHz,$t=0$ 时的表面电流分布

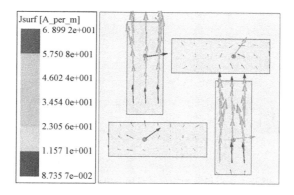

(a2) $f_1=1.48$ GHz,$t=T/4$ 时的表面电流分布

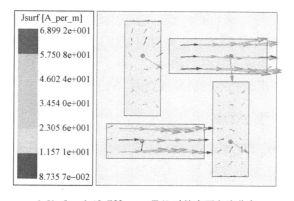

(a3) $f_1=1.48$ GHz,$t=T/2$ 时的表面电流分布

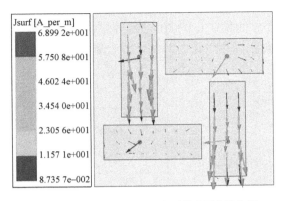

(a4) $f_1=1.48$ GHz，$t=3T/4$ 时的表面电流分布

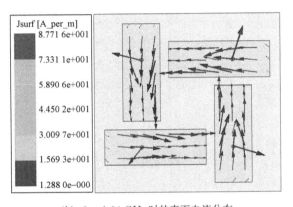

(b) $f_2=1.94$ GHz 时的表面电流分布

图 4-20　基于人工电磁结构的宽带双频双模双极化天线表面电流分布

直线极化的锥形方向图。事实上，此时天线可以看成是 4 个人工电磁结构单元围成的一个环形结构。每个负折射传输单元可以用图 4-9 所示的 CRLH TL Π 型等效电路图解释。单元总的相移由两部分组成：由右手传输线构成的前向相移 ϕ_{TL} 和由左手传输线构成的后向相移 ϕ_{BW}。当二者相等时，传输单元带来的插入相移为 0°，天线近似工作在零阶谐振频点上。

4.4.3　天线测试结果与讨论

为验证双频双模双极化天线的特性，制作加工并测试了天线实物，如图 4.21 所示。优化的参数在表 4-3 和表 4-4 中给出。

图 4-22 给出了天线的仿真和测试反射系数。分析可知，两种模式的工作机理完全不一样，所以两种模式的匹配特性也不同。对于边射模式，测试天线阻抗

第 4 章 基于人工电磁结构的宽带天线分析与设计

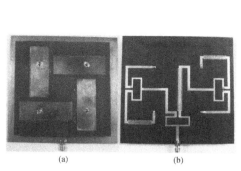

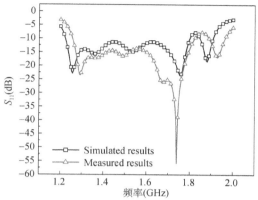

图 4-21 宽带双频双模双极化天线实物图：(a)正面(辐射部分)；(b)背面(馈电网络)

图 4-22 基于人工电磁结构的宽带双频双模双极化天线仿真和测试反射系数

匹配较好的频段为 1.255 GHz~1.821 GHz，-10 dB 阻抗带宽达到了 36.8%，而仿真模型谐振在 1.51 GHz，-10 dB 阻抗带宽为 38.1%。对于锥形模式，测试天线阻抗匹配较好的频段为 1.888 GHz~1.962 GHz，-10 dB 阻抗带宽达到了 3.8%，而仿真模型谐振在 1.88 GHz，-10 dB 阻抗带宽为 3.3%。测试结果比仿真结果略微向高频偏移。这主要是由于加工误差的影响，比如两层介质中间空气层不均一以及探针焊接的影响等。

如图 4-23 所示为天线边射模式的仿真和测试增益与轴比曲线。该模式的圆极化特性较好，3 dB 轴比带宽为 7.3%。轴比带宽远低于阻抗带宽，主要是因为 4 个端口 90°相差的带宽不够宽导致的，这点可以从图 4-19(b)得到验证。锥形模式和边射模式的测试最大增益分别为 4.9 dB 和 6.9 dB。天线增益曲线也向高频

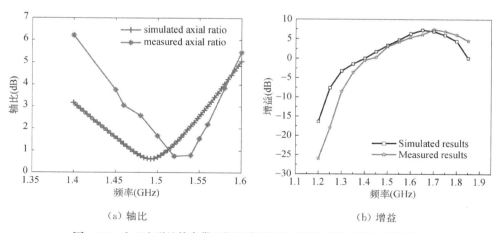

图 4-23 人工电磁结构宽带双频双模双极化天线边射模式的仿真和测试

偏移了一点,这是由于SMA焊接等制作公差引入的影响。

如图 4-24 所示为宽带双频双模双极化天线两个模式的远场测试方向图。对于边射模式,天线具有传统贴片天线的边射方向图。对于锥形模式,天线 H 面方向图为近似全向,E 面方向图为近似 8 字,其中贴片边射方向没有辐射。最大辐射方向偏离水平地面方向,偏离角度约为 35°。仿真与测试之间的细微偏差主要是由于制作公差和测试误差引起的。结果验证了采用本方法实现宽带双频双模双极化天线的可行性。

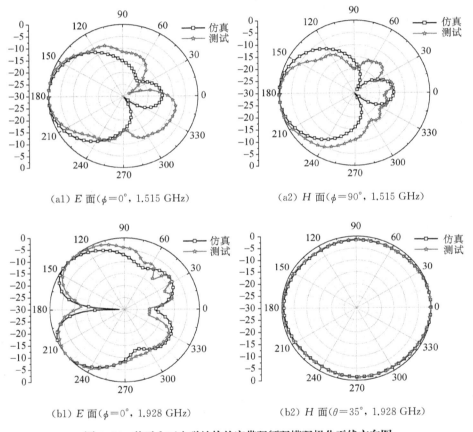

(a1) E 面($\phi=0°$, 1.515 GHz)　　(a2) H 面($\phi=90°$, 1.515 GHz)

(b1) E 面($\phi=0°$, 1.928 GHz)　　(b2) H 面($\theta=35°$, 1.928 GHz)

图 4-24　基于人工电磁结构的宽带双频双模双极化天线方向图

4.5　本章小结

本章首先从场能角度分析谐振模式的品质因数、储能、耗能和总能与电路参数的数值关系,进而获得天线工作带宽与各个参量的相互关系。结合带宽的谐振腔理论分析,采用优化馈电激励的方案设计了一组基于共面波导馈电的宽带紧凑型零阶谐振人工电磁结构天线。加工并测试了三款天线,验证了结论。然后采用可重构的方案展宽人工电磁结构天线的带宽。通过采用对馈电部分进行控制的方案,设计了一款新颖的具有方向图可选择性和极化多样性的人工电磁结构天线,实现了频率、方向图和极化同时可重构的奇特性能。最后在此基础上,分析了CRLH TL 结构双频点条件下的相移特性,并且基于可重构天线概念,设计了在双频点上相移特性分别为(90°,0°)和(180°,0°)的两个传输线结构,并对馈电部分进行改进,加工制作了一款单馈宽带的双频双模双极化天线。此类人工电磁结构天线具有低剖面、宽带化、方向图可选择性和极化多样性等特性,在低轨道通信系统中的车载卫星终端天线以及其他无线通信系统中具有潜在的应用价值。

参考文献

[1] Chang F S, Wong K L, Chiou T W. Low-cost broadband circularly polarized patch antenna[J]. IEEE Trans. Antennas Propagat., 2003, 51(10):3006-3009.

[2] Karmakar N C, Bialkowski M E. Circularly polarized aperture-coupled circular microstrip patch antennas for L-band applications[J]. IEEE Trans. Antennas Propagat., 1999, 47(5): 933-940.

[3] Lau K L, Luk K M. A novel wide-band circularly polarized patch antenna based on L-probe and aperture-coupling techniques[J]. IEEE Trans. Antennas Propagat., 2005, 53(1): 577-582.

[4] Bian L, Guo Y X, Ong L C, et al. Wideband circularly-polarized patch antenna[J]. IEEE Trans. Antennas Propagat., 2006, 54(9):2682-2686.

[5] Nasimuddin, Esselle K P, Verma A K. Wideband circularly polarized stacked microstrip antennas[J]. IEEE Antennas and Wireless Propagation Letters, 2007, 6:21-24.

[6] Sudha T, Vedavathy T S, Bhat N. Wideband single-fed circularly polarised patch antenna [J]. Electron.Lett., 2004, 40(11):648-649.

[7] Huang C Y, Ling C W. CPW feed circularly polarised microstrip antenna using asymmetric coupling slot[J]. Electron. Lett., 2003, 39(23):1627-1628.

[8] Wong K L, Chiou T W. Broad-band single-patch circularly polarized microstrip antenna with dual capacitively coupled feeds[J]. IEEE Trans. Antennas Propagat., 2001, 49(1): 41-44.

[9] Wong K L, Wu J Y. Bandwidth enhancement of circularly-polarised microstrip antenna using chip-resistor loading[J]. Electron.Lett., 1997, 33(21):1749-1751.

[10] Huang C Y, Wu J Y, Wong K L. Broadband circularly polarised square microstrip antenna using chip-resistor loading[J]. Microw. Antennas and Propag., 1999, 146(1): 94-96.

[11] Gao X J, Wang G M, Zhu L. A novel design on broadband circularly polarized microstrip antenna[C]. Asia-Pacific Microwave Conference, Dec. 2007.

[12] Qureshi F, Antoniades M A, Eleftheriades G V. A compact and low-profile metamaterial ring antenna with vertical polarization[J]. IEEE Antenna Wireless Propagation Letters, 2005, 4(1):333-336.

[13] Lee C J, Leong K M K, Itoh T. Broadband small antenna for potable wireless application [C]. International Workshop on Antenna Technology. San Diego, CA: Rayspan Corp. 2008:10-13.

[14] Zhu J, Eleftheriades G V. A compact transmission line metamaterial antenna with extended bandwidth[J]. IEEE Antenna Wireless Propagation Letters. 2009, 8: 295-298.

[15] Jang T, Choi J, Lim S. Compact coplanar waveguide(CPW)-fed zeroth-order resonant antennas with extended bandwidth and high efficiency on via less single layer[J]. IEEE Transactions on Antennas and Propagation, 2011, 59(2): 363-72.

[16] Lai A, Caloz C, Itoh T. Composite right/left-handed transmission line metamaterials[J]. IEEE Micro, 2004:34-50.

[17] Kim H, Kozyrev A B, Karbassi A, et al. Linear tunable phase shifter using a left-handed transmission line[J]. IEEE Microw. Wireless Compon. Lett., 2005,15(5):366-368.

[18] Mao S G, Wu M S, Chueh Y Z, et al. Modeling of symmetric composite right/left-handed coplanar waveguides with applications to compact bandpass filters[J]. IEEE Trans. Microw. Theory Tech., 2005,53(11):3460-3466.

[19] Zhu Q, Zhang Z X, Xu S J. Millimeter wave microstrip array design with CRLH-TL as feeding line[J]. IEEE AP-S Int. Symp., 2004:3413-3416.

[20] Lee C, Leong K M, Itoh T. Composite right/left-handed transmission line based compact resonant antennas for RF module integration[J]. IEEE Trans. Antennas Propag., 2006,54 (8):2283-2291.

[21] Mao S G, Chueh Y Z. Broadband composite right/left-handed coplanar waveguide power splitters with arbitrary phase responses and balun and antenna applications[J]. IEEE Trans. Antennas Propag., 2006,54(1):234-250.

[22] Lin X Q, Liu R P, Yang X M, et al. Arbitrarily dual-band components using simplified structures of conventional CRLH-TLs[J]. IEEE Trans. Microw. Theory Tech., 2006,54 (7):2902-2909.

[23] Gil M, Bonache J, García-García J, et al. Composite right/left handed (CRLH) metamaterial transmission lines based on complementary split rings resonators(CSRRs) and their applications to very wide band and compact filter design[J]. IEEE Trans. Microw. Theory Tech., 2007,55:1296-1304.

[24] Lin X Q, Ma H F, Bao D, et al. Design and analysis of super-wide bandpass filters using a novel compact meta-structure[J]. IEEE Trans. Microw. Theory Tech., 2007, 55(4): 747-753.

[25] Lin X Q, Bao D, Ma H F. Novel composite phase-shifting transmission-line and its application in the design of antenna array[J]. IEEE Trans. Antennas Propag., 2010, 58(2): 375-380.

[26] Caloz C, Itoh T. Electromagnetic metamaterials: transmission line theory and microwave applications[M]. Hoboken-Piscataway: Wiley-IEEE Press, 2005.

[27] Eleftheriades G V. Enabling RF/microwave devices using negative-refractive-index transmission-line(NRI-TL) metamaterials[J]. IEEE Antennas and Propagation Magazine, 2007, 49(2): 34-51.

[28] Zhou B, Li H, Zou X Y, et al. Broadband and high-gain planar vivaldi antennas based on inhomogeneous anisotropic zero-index metamaterial[J]. Progress in Electromagnetics Research, 2011, 120: 235-47.

[29] Li Z, Li F, Wang J H, et al. A novel compact MIM CRLH transmission line and its application to leaky-wave antenna[J]. Journal of Electromagnetic Waves and Applications, 2011, 25(14-15): 1999-2010.

[30] Kim D O, Jo N I, Jang H A, et al. Design of the ultrawideband antenna with a quadrupleband rejection characteristics using a combination of the complementary split ring resonators[J]. Progress in Electromagnetics Research, 2011, 112: 93-107.

[31] Montero-de-Paz J, Ugarte-Munoz E, Herraiz-Martinez FJ. Multifrequency self-diplexed single patch antennas loaded with split ring resonators[J]. Progress in Electromagnetics Research, 2011, 113: 47-66.

[32] Huang J Q, Chu Q X. Compact UWB band-pass filter utilizing modified composite right/lefthanded structure with cross coupling[J]. Progress in Electromagnetics Research, 2010, 107: 179-86.

[33] Feng T H, Li Y H, Jiang H T, et al. Tunable single-negative metamaterials based on microstrip transmission line with varactor diodes loading[J]. Progress in Electromagnetics Research, 2011, 120: 35-50.

[34] Zarifi D, Oraizi H, Soleimani M. Improved performance of circularly polarized antenna using semi-planar chiral metamaterial covers[J]. Progress in Electromagnetics Research, 2012, 123: 337-54.

[35] Carbonell J, Lheurette E, Lippens D. From rejection to transmission with stacked arrays of split ring resonators[J]. Progress in Electromagnetics Research, 2011, 112: 215-24.

[36] Liu J, Yin W Y, He S. A new defected ground structure and its application for miniaturized switchable antenna[J]. Progress in Electromagnetics Research, 2010, 107: 115-128.

[37] Li C M, Ye L H. Improved dual band-notched UWB slot antenna with controllable notched bandwidths[J]. Progress in Electromagnetics Research, 2011, 115: 477-93.

[38] Lai A, Leong K M K H, Itoh T. Infinite wavelength resonant antennas with monopole radiation pattern based on periodic structures[J]. IEEE Transactions on Antennas and

Propagation, 2007, 55(3): 868-875.

[39] Cao W Q, Zhang B N, Yu T B, et al. Single-feed dual-band dualmode and dual-polarized microstrip antenna based on metamaterial structure[J]. Journal of Electromagnetic Waves and Applications, 2011, 25(13): 1909-1919.

[40] Cao W Q, Zhang B N, Liu A J, et al. A dual-band microstrip antenna with omnidirectional circularly polarized and unidirectional linearly polarized characteristics based on metamaterial structure[J]. Journal of Electromagnetic Waves and Applications, 2012, 26(2-3): 274-283.

[41] Cao W Q, Liu A J, Zhang B N. Multi-band multi-mode microstrip circular patch antenna loaded with metamaterial structures [J]. Journal of Electromagnetic Waves and Applications, 2012, 26(7): 923-931.

[42] Cai Y, Guo Y J, Weily A R. A frequency-reconfigurable quasi-yagi dipole antenna[J]. IEEE Antennas Wireless Propag. Lett., 2010, 9(8): 883-886.

[43] Row J S, Lin T Y. Frequency-reconfigurable coplanar patch antenna with conical radiation [J]. IEEE Antennas Wireless Propag. Lett., 2010, 9(1): 1088-1091.

[44] Chen S H, Row J S, Wong K L. Reconfigurable square-ring patch antenna with pattern diversity[J]. IEEE Trans Antennas Propag., 2007, 55(2): 472-475.

[45] Bai Y Y, Xiao S, Tang M C, et al. Pattern reconfigurable antenna with wide angle coverage[J]. Electron. Lett., 2011, 47(21): 1163-1164.

[46] Yoon W S, Baik J W, Lee H S, et al. A reconfigurable circularly polarized microstrip antenna with a slotted ground plane[J]. IEEE Antennas Wireless Propag. Lett., 2010, 32(3): 1161-1164.

[47] Sung Y J, Jang T U, Kim Y S. A reconfigurable microstrip antenna for switchable polarization[J]. IEEE Microw. Wirel. Compon. Lett., 2004, 14(11): 534-536.

[48] Nishamol M S, Sarin V P, Tony D, et al. An electronically reconfigurable microstrip antenna with switchable slots for polarization diversity [J]. IEEE Trans. Antennas Propag., 2011, 59(9): 3424-3427.

[49] Nikolaou S, Bairavasubramanian R, Lugo C, et al. Pattern and frequency reconfigurable annular slot antenna using pin diodes[J]. IEEE Trans Antennas Propag., 2007, 54: 439-448.

[50] Erdil E, Topalli K, Unlu M, et al. Frequency tunable microstrip patch antenna using RF MEMS technology[J]. IEEE Trans. Antennas Propag., 2007, 55(4): 1193-1196.

[51] Wu C, Wang T, Ren A, et al. Implementation of reconfigurable patch antennas using reed switches[J]. IEEE Antennas Wireless Propag. Lett., 2011; 10(10): 1023-1026.

[52] Liu W L, Chen T R, Chen S H, et al. Reconfigurable microstrip antenna with pattern and polarisation diversities[J]. Electron. Lett., 2007, 43(2): 77-78.

[53] Mohammod A, Sayem A T M, Kunda V K. A reconfigurable stacked microstrip patch antenna for satellite and terrestrial links[J]. IEEE Trans. Vehicular Tech., 2007, 56(2):

426-435.

[54] Qureshi F, Antoniades M A, Eleftheriades G V. A compact and low-profile metameterial ring antenna with vertical polarization[J]. IEEE Antennas Wireless Propag. Lett., 2005,4(1):333-336.

[55] Antoniades M A, Eleftheriades G V. A folded-monopole model for electrically small NRI-TL metamaterial antennas[J]. IEEE Antennas Wireless Propag. Lett., 2008,7:425-428.

[56] Jazi M N, Azamanesh M N. Design and implementation of circularly polarized microstrip antenna array using a new serial feed sequentially rotated technique[J]. IEE Pro-Microw Antenna Propag., 2006,153(2):133-135.

[57] Smith M S, Hall P S. Analysis of radiation pattern effects in sequentially rotated arrays [J]. IEE Proc-Microw. Antennas Propag., 1994,141(4):313-320.

[58] Hu Y J, Ding W P, Cao W Q. Broadband circularly polarized microstrip antenna array using sequentially rotated technique[J]. IEEE Antennas Wireless Propag. Lett., 2011,10:1358-1361.

[59] Huang J. A technique for an array to generate circular polarization with linearly polarized elements[J]. IEEE Trans Antennas Propag., 1986,34(9):1113-1124.

[60] 清华大学《微带电路》编写组.微带电路[M].北京:人民邮电出版社,1976.

第 5 章
基于人工电磁结构的高增益天线技术研究

5.1 前言

  增益和方向性或许已经成为天线最为重要的性能指标。经过一百多年的发展,天线作为实现无线电应用不可或缺的设备,随着广播、雷达、移动通信等无线通信系统在不同阶段的需求而不断发展。越来越多的通信系统对天线的增益提出了更高的要求。天线的增益和方向性,主要取决于天线的口径。目前高增益天线主要有镜面天线和阵列天线两种形式。抛物面反射镜天线作为高增益天线的首选,其增益高、口径效率高,但是结构复杂、工艺笨重。透镜天线能够实现偏轴聚焦及大范围内波束扫描,但是频带较窄、效率较低,且其三维结构更加笨重,安装不方便。阵列天线,包括印刷反射式阵列天线和印刷传输式阵列天线,是由众多在相位上相干的辐射单元按照一定的方式排列组成的系统,主要应用在相控阵和雷达系统中。阵列天线能够实现远距离目标探测和波束的高速扫描,克服了天线单元的低定向性和宽波瓣的缺点,但却需设计复杂的馈电系统,且频带和效率受限。自 20 世纪末以来,人工电磁结构的诞生为高增益天线提供了崭新的方案。

  利用人工电磁结构的等效折射率任意可控的特性,将折射率为零或接近零的人工电磁材料作为覆盖层以提高天线增益一直是新型人工电磁结构的重要应用之一[1-2]。H. Zhou 等通过加载零折射率的人工电磁材料,使得微带平面天线的方向性接近了理论最大值[1]。B. I. Iman 等人对左手材料提高圆极化微带贴片天线增益做了研究[2]。此外,崔铁军教授课题组设计了折射率呈梯度分布的人工电磁材料,实现了将柱面波和球面波转化为平面波,获得了高增益的多波束扫描天线[3-4]。赵晓鹏教授课题组也在用零折射率材料和负磁导率人工电磁材料提高天线增益方面做了很多有意义的研究[5-6]。

  在理论研究方面,目前国内外关于人工电磁结构提高天线增益的理论分析基本上是基于理想均匀的各向同性介质。因为实际应用中很难做出各向同性的人工电磁媒质,特别是在微带平面天线的应用场合,各向同性的理论模型并不适用于实际模型。当加载人工电磁结构于天线中时,需要考虑天线模型内具体的电磁波传播极化特性,才能满足一体化设计时的阻抗匹配特性。本章5.2节将对此类天线的理论和设计进行介绍。

作为应用实例,关于人工电磁结构高增益天线的研究很多,但是基本上是在天线辐射贴片上方一定高度加载一层或多层折射率接近零的人工电磁材料,实现对辐射电磁波的聚束作用,从而达到提高天线增益的目的。此类天线一方面破坏了微带天线原有的低剖面特性,另一方面其阻抗匹配可能成为高性能天线的短板,天线的带宽往往有限,限制了其应用推广。本章拟采用分步实现低剖面宽带高增益人工电磁结构天线。首先是选取合理的天线基本模型,本书采用宽带对数周期端射天线作为基本微带天线模型,因为此类天线的最大辐射方向为水平方向,有利于人工电磁结构的共面加载。然后在基于第2章对人工电磁谐振结构的电磁特性分析的基础上,讨论了两种具体人工电磁结构高增益天线的实例,设计了加载SRR和"工"字型谐振结构的新型高增益天线。分析了天线阻抗匹配、远场辐射、增益效率等电磁特性与人工电磁结构单元参数、加载方式之间的关系。这一部分内容将在5.3、5.4、5.5节进行详细讨论。

5.2 人工电磁结构控制天线波束的机理分析

人工电磁结构对电磁波的波束控制作用可以根据斯涅儿定律来解释。因为人工电磁结构的折射率可以通过控制结构单元参数来调节,所以结构的折射率可以人工任意实现(为正、接近零或为负均可),进而可以任意控制电磁波在两种不同折射率介质中的折射程度。将此电磁特性应用到天线中,可以达到任意控制天线波束的作用,这已经被国内外学者验证了。但是以上是基于各向同性介质的。因为实际应用中,PCB工艺很难做到各向同性的人工电磁媒质,所以理论模型并不适用于实际模型。当设计人工电磁结构微带天线时,通常采用的人工电磁材料只是满足一维或二维的近似各向同性,比如第3、4章使用的mushroom结构和mushroom变形结构是二维各向同性的,而实际上在三维层面人工电磁结构往往是各向异性的。为此我们需要分析各向异性的理论模型。

以图5-1所示零折射率人工电磁材料聚波理论模型为例分析各向异性理论模型的一种情况。

由电磁场理论分析,假设入射波为TM极化波,传播方向为X方向。则TM波的色散关系为[7]:

$$\frac{k_x^2}{\varepsilon_y} + \frac{k_y^2}{\varepsilon_x} = \frac{\omega^2}{c^2}\mu_z \tag{5-1}$$

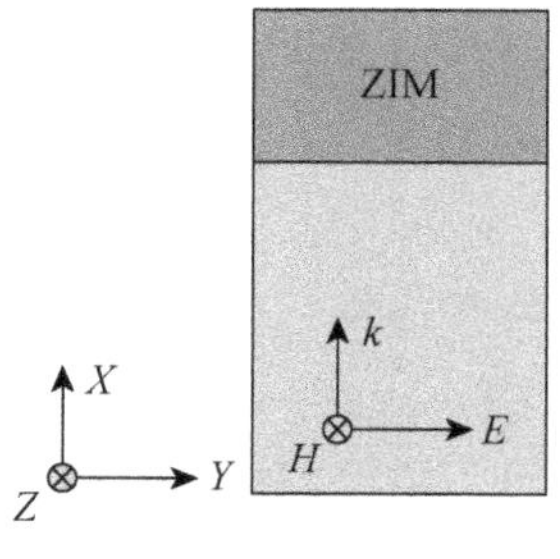

图 5-1 零折射率人工电磁材料聚波理论模型

其中，ε_x，ε_y，μ_z 是介电常数和磁导率的张量坐标分量。我们可以得出，当 ε_x 趋向于 0，而 ε_y，μ_z 不为 0 时，k_y 趋向于 0。所以此时电磁波基本上没有沿 Y 方向传播的分量，所以传播常数为：

$$k_x = \frac{\omega}{c}\sqrt{\varepsilon_y \mu_z} \tag{5-2}$$

同时，对应的波阻抗为：

$$\eta_x = \eta_0 \sqrt{\frac{\mu_z}{\varepsilon_y}} \tag{5-3}$$

由式(5-3)可得，当 ε_y 和 μ_z 近似相等时，波阻抗将与自由空间波阻抗匹配。另外，由麦克斯韦方程可得：

$$\frac{\partial H_z}{\partial y} = -\mathrm{j}\omega\varepsilon_x E_x \tag{5-4}$$

当 ε_x 趋向于 0 时，H_z 在 Y 方向应保持基本不变。

通过以上理论分析，只要合理设计人工电磁材料的参数，采用满足条件的各向异性人工电磁结构，就可以实现人工电磁结构天线在波的传播方向上的阻抗匹配，在满足波束控制功能的同时提高天线的辐射效率和方向性。为了获得宽带人工电磁结构天线，必须满足加载前初始天线模型具有宽带特性，加载人工电磁结构在天线工作频段具有较好较宽的通带特性，初始天线模型和加载结构具有相同的极化特性，从而不影响加载后天线的阻抗匹配特性。以上理论模型为高增益人工电磁结构天线提供了设计原则。

5.3 宽带周期端射天线模型

随着无线通信的发展，具有宽带、高增益、单向辐射方向图的天线在卫星通信和点对点通信系统中具有广泛的应用需求。领结形偶极子天线凭借其结构简单和宽带特性得到关注[8-10]。然而类似偶极子的双向辐射和低增益特性限制了其广泛应用。文献[11]提出了一种宽带周期端射天线，该天线是基于对数周期天线的原理将三个领结形偶极子渐变周期排列获得的，如图5-2所示。与传统行波辐射的 Vivaldi 天线不同的是，此类天线表现的是多谐振特性，该天线的宽带特性来源于增加偶极子的个数。此外用扇形偶极子取代常用的线形偶极子和采用平行条带线取代复杂的馈电网络也对提高天线带宽有重要的作用。

如图 5-2 所示为天线结构。天线包括微带馈线、连接微带线和平行条带线的过渡部分以及3个具有渐变尺寸且连接在平行条带线两侧的扇形偶极子。过渡结构部分是以四分之一圆弧的方式使地板渐变到平行条带线的宽度。这种结构简单,能够通过调整四分之一圆弧的半径达到最佳匹配。微带线的地板可以作为反射器实现单向辐射的方向图。3个扇形偶极子具有相等的张角,单元间距也是渐变的。偶极子上下部分有微小的间隙可用于调整天线匹配。此外,间距渐变、张角渐变和半径渐变程度均是实现宽带的重要调整参数。测试结果表明,该领结形偶极子渐变周期排列天线的带宽达到了51.4%(SWR≤2),平均增益为4 dBi,方向图为单向辐射。

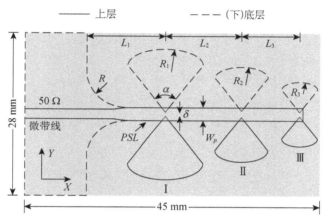

图 5-2 宽带领结形偶极子渐变周期排列天线

5.4 基于 SRR 人工电磁结构的宽带高增益周期端射天线设计

尽管领结形偶极子渐变周期排列天线具有宽带和单向辐射的优异特性,但是它的增益仍然低于传统的微带贴片天线[12]。我们知道,人工电磁材料结构凭借其特有的电磁属性在设计新颖的微波器件和天线的场合中具有独特的优势[13-18]。在这些结构材料中,低折射/零折射材料具有控制电磁波的特性[17-18]。文献[1]通过采用零折射材料作为微带天线覆盖层,天线增益提高了1~2 dB。然而这种结构增加了天线的厚度和重量。文献[19]采用 SRR 结构来提高天线端射方向的增益。当线偶极子天线靠近开口谐振环阵列时,天线大约增加了3 dB。但是天线的带宽很窄。

本节提出了一种新颖的基于 SRR 加载的宽带高增益周期端射天线。天线的宽带特性是源于5.3节的领结形偶极子渐变周期排列天线[11]。通过在天线端射方向上对称性地加载 SRR 实现了增益提高并且保证了宽带。SRR 加载的天线在整个工作频段范围(5.1 GHz~8.2 GHz)内增益达到了 6.2~9.9 dB,相比于未加载天线增加了 1.3~4.2 dB。实物测试结果与仿真结果吻合较好。这个开口谐振单环加载的周期端射天线具有单向辐射的特性,解决了文献[11]中的低增益问题和文献[19]的有限带宽和多层复杂结构的问题,在实际应用中有很好的应用价值。

5.4.1 天线设计与分析

基于 SRR 人工电磁结构的宽带高增益周期端射天线结构如图 5-3 所示。天线由两部分组成:周期端射天线部分和 SRR 加载部分。周期端射天线部分与 5.3 节基本相同。该部分由微带馈线、微带线到平行条带线的转换部分以及连接到平行条带线的三个大小渐变的领结形偶极子阵组成。天线制作在介电常数为 ε_r,厚度为 h 的基板上。三个领结形偶极子具有相同的张角 α,排列在平行条带线两侧,相互间隔分别为 L_1, L_2, L_3,半径分别为 R_1, R_2, R_3。微带线的地被用作为反射器以实现单向辐射方向图[11]。通过调整 L_1, R_1, α 和 $\mu = L_3/L_2$ 几个参数来实现阻抗匹配。天线的优化尺寸为:$\varepsilon_r = 2.2$,$h = 1.5$ mm,$L_p = 45$ mm,$W_p = 28$ mm,$L_1 = 9$ mm,$L_2 = 11$ mm,$L_3 = 8.5$ mm,$\mu = 0.77$,$R_1 = 10$ mm,$R_2 = 7.5$ mm,$R_3 = 5.625$ mm,$\alpha = 70°$,$L_a = 9$ mm。

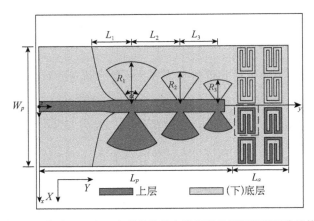

图 5-3 基于 SRR 人工电磁结构的宽带高增益周期端射天线结构

SRR 加载部分由八个 SRR 单元组成,其分别对称性地印刷在基片端射方向的两边。图 5-4(a)显示的是 SRR 单元的结构细图。本书中采用开口谐振单环取代文献[19]中使用的开口谐振双环的原因有 3 点:①单环结构简单,并且向内延伸的微带线(L_s)能够获得更大的电容;②单环的谐振频率更容易得到调整,只需控制 S 和 L_s 两个参数;③文献[19]所使用的开口谐振双环结构的内环和外环结构非对称,能够在两个相反的方向产生强度不同的增益提高效果,然而开口谐振单环只在一个方向上提高增益,这种效果更适合于本书提出的周期端射天线。

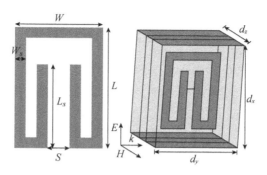

图 5-4　开口谐振环单元及其仿真模型

如图 5-5 所示为无加载结构和有 SRR 加载结构天线的电流分布图。相比于无加载结构天线,从有 SRR 加载结构天线的电流分布中可以看出,SRR 加载结构对天线电流移动具有重要的作用。后面将对天线增益与 SRR 结构之间的关系做更深入的研究。

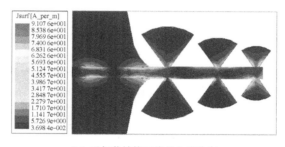

（a）无加载结构天线的电流分布

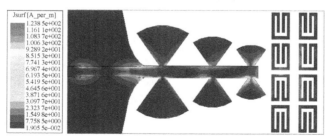

（b）有开口谐振环加载结构天线的电流分布

图 5-5　两个天线的电流分布

本书采用第 2 章介绍的提取人工电磁结构参数的 S 参数提取法[20-21]。模型的散射参数由 HFSS 软件仿真获得,然后通过数学计算转换为结构性参数。图 5-4 右侧的图是提取人工电磁结构等效折射率的仿真模型。根据 5.2 节的分析,为了保证天线的宽带效果,必须使加载结构的极化特性与初始天线模型的极化相匹配。考虑到偶极子阵列天线主要辐射 x 方向极化波,而电磁波的传播方向为 y 方向,所以理想电导体边界条件和理想磁导体边界条件分别设置在空气盒子的上下表面和前后表面。空气盒子的尺寸为 $d_x=7$ mm, $d_y=6$ mm, $d_z=6$ mm,其中仿真模型的 d_x、d_y 可以看成是单元结构在 x 和 y 方向的周期,与图 5-3 中用黑色虚线框标注出的单元周期相等。d_x、d_y 越大,谐振频率越小;d_z 越大,谐振频率越大。

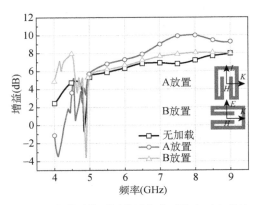

图 5-6 加载结构不同放置方式下的人工电磁结构天线仿真增益曲线

在进行结构参数分析之前,首先对极化特性进行分析。考虑到初始天线模型的极化已经确定,根据 SRR 谐振结构的特点,研究两种位置(Location A 和 Location B)下人工电磁结构的电磁特性,分别对应于第 2 章图 2-4(a) 和 2-4(b) 的极化模型。根据第 2 章的 SRR 谐振结构各向异性的电磁特性分析,Location A 时,电场与 XY 面平行且位于对称轴上,磁场与中心 Z 轴方向相同时,SRR 能够产生最强的磁谐振,为 MNM 材料;Location B 时,SRR 则表现为相互耦合的电磁谐振。对这两种极化方式进行仿真,结果如图 5-6 所示。可见,强磁谐振比相互耦合的电磁谐振在提高这种天线模型的增益方面更具有优势。根据第 2 章分析,Location B 的放置方式在这种天线极化波下,SRR 的传输特性呈现阻带,所以能量朝端射方向传播有限,因此天线增益提高得不明显。这也验证了 5.2 节的理论分析。

图 5-7 给出了 SRR 单元的仿真 S 参数(S_{21})和由 SRR 单元的仿真 S 参数提取的折射率参数[折射率实部 $\text{Re}(n)$]。4 种不同的结构类型被用来分析加载结构参数对天线性能的影响。一方面,从图 5-7(a) 中可以看出,SRR 的金属结构影响到了整个加载单元的传输特性。当工作在谐振频率点时,S_{21} 很小,很少有能量能够穿过加载 SRR 的介质板,所以加载 SRR 的天线在加载结构谐振频率点附近增益很低。另一方面,从图 5-7(b) 中可以看出,当加载结构谐振时,由 SRR 单元的仿真 S 参数提取的折射率参数[$\text{Re}(n)$]会有一个突变。由斯涅儿法则(Snell's law)可以得到,当加载结构的折射率低于介质板的折射率时,能量在端射 XY 平面汇聚,所以在天线端射方向能够提高增益。以 A 结构为例,当天线的工作频率高于 SRR 结构的谐振频率时,折射率比未加载的(D 结构)折射率低,所以能够在天线的整个工作带宽实现增益的提高。相同的结论可以从图 5-7(a) 所示的单元结构传输特性中获得。

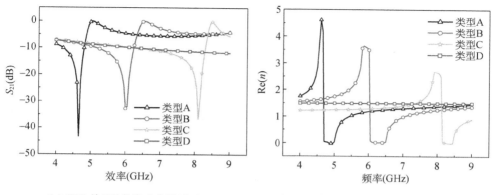

(a) SRR 单元的仿真 S 参数(S_{21})　　(b) 由 SRR 单元的仿真 S 参数提取的折射率参数

图 5-7　SRR 单元的仿真 S 参数曲线及由其提取的折射率参数曲线

A 结构：$L=6$ mm, $W=4$ mm, $W_s=0.6$ mm, $S=0.5$ mm, $L_s=4.5$ mm；
B 结构：$L=6$ mm, $W=4$ mm, $W_s=0.6$ mm, $S=0.5$ mm, $L_s=1.1$ mm；
C 结构：$L=4.5$ mm, $W=4$ mm, $W_s=0.6$ mm, $S=1.2$ mm, $L_s=1.15$ mm；
D 结构：没有开口谐振环加载，保留没有金属的介质板

如图 5-8 所示为天线加载不同结构类型时的增益曲线。结果验证了前文的分析。当加载的 SRR 结构的 S_{21} 高于 D 结构时或者当加载结构的折射率低于 D 结构时，加载结构可以看成是天线的引向器。然而当加载的 SRR 结构的 S_{21} 低于 D 结构时或者当加载结构的折射率高于 D 结构时，能量受阻，天线增益很低。因此天线增益可以通过加载结构进行控制。

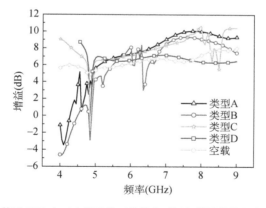

图 5-8　基于 SRR 人工电磁结构天线具有不同加载结构的仿真增益曲线

5.4.2　天线测试结果与讨论

如图 5-9 所示，加工了两个天线实物(未加载和加载 A 结构)以验证前文分

析。图 5-9(a)显示的是未加载时和加载 A 结构时的微带线面;图 5-9(b)显示的是未加载时和加载 A 结构时的地板平面;图 5-10 给出了两个天线的仿真和测试反射系数曲线。未加载天线的中心频率约为 6.5 GHz,仿真和测试 -10 dB 阻抗带宽分别为 39.2% 和 47.7%;加载 SRR 结构的天线中心频率约为 6.6 GHz,仿真和测试 -10 dB 阻抗带宽分别为 42.4% 和 47.0%。因为考虑到加载 A 结构的极化特性与天线的极化特性匹配,且其最强的谐振频率点略低于天线的工作频段,所以加载结构的引入对天线匹配特性影响不大,能够保证天线原有的宽带特性。

(a) 微带线面(上:未加载时;下:加载 A 结构时)　　(b) 地板平面(上:未加载时;下:加载 A 结构时)

图 5-9　基于 SRR 人工电磁结构的宽带高增益周期端射天线实物图

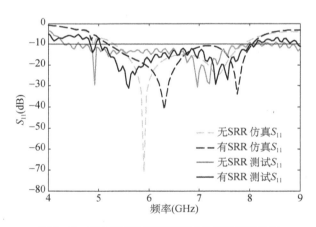

图 5-10　两个天线的仿真和测试的反射系数曲线

如图 5-11 所示为两个天线在端射方向($+y$ 方向)的仿真和测试增益曲线。当不加载谐振结构时,天线增益为 4.1～6.2 dB,而当加载 SRR 结构时,天线在整个工作频段范围(5.1 GHz～8.2 GHz)内增益达到了 6.2～9.9 dB,相比于未加载天线增加了 1.3～4.2 dB。增益在 SRR 结构的谐振点处降下来了。测试增益略低于仿真结果。

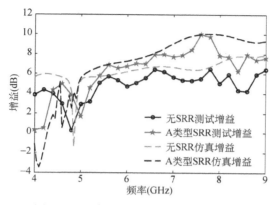

图 5-11 两个天线的仿真和测试增益曲线

图 5-12 给出了两个天线在 6 GHz、7.6 GHz 和 8.2 GHz 3 个频点处的 E 面（XY 面）和 H 面（YZ 面）远场测试方向图。$\theta=0°$ 是 $+y$ 轴方向。可以看出，A 结构加载天线在整个工作频段上具有更窄的波束和更好的方向性，特别是在高频段效果更明显。H 面的半功率波瓣宽度减少了大约 15°～40°。从图 5-12(c1) 可以看出加载和未加载天线在高频部分均出现了栅瓣，这主要是由于周期结构在高频部分出现了漏波效应，尽管在文献[11]中不是很明显，但是也存在类似的情况。然而如图 5-12(c1) 所示，加载 SRR 结构后，漏波效应将得到一定的削弱。因此可以预见，若加载更多层 SRR 结构，天线的性能将得到更大的改善。

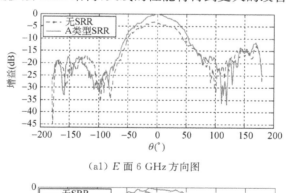

(a1) E 面 6 GHz 方向图

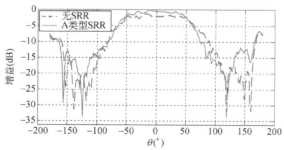

(a2) H 面 6 GHz 方向图

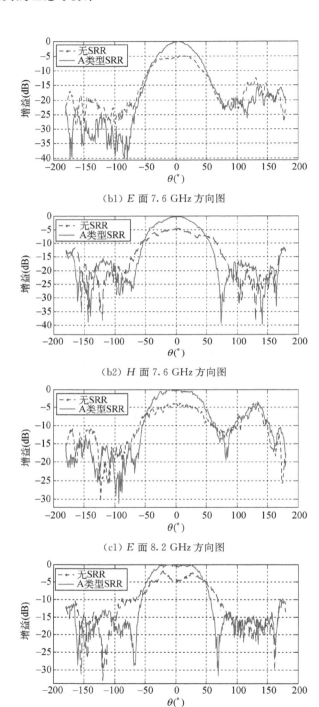

(b1) E 面 7.6 GHz 方向图

(b2) H 面 7.6 GHz 方向图

(c1) E 面 8.2 GHz 方向图

(c2) H 面 8.2 GHz 方向图

图 5-12　测试方向图

5.5 基于"工"字型人工电磁结构的宽带高增益周期端射天线设计

本节基于 5.4 节的设计理念,继续结合人工电磁结构和周期端射天线的优势设计了一款宽带高增益天线。本设计采用了更为简单的人工电磁替代结构——"工"字型谐振结构。在保证天线宽带特性的前提下,在周期端射天线的端射方向上对称地加载两排"工"字型结构以实现天线增益的提高。"工"字型结构加载天线在整个工作频段范围(5.1 GHz~8.3 GHz)内增益达到了 6.5~9.5 dB,相比于未加载天线增加了 1.5~3.5 dB。使用 HFSS 仿真软件设计该天线。实物测试结果与仿真结果吻合较好。

5.5.1 天线设计与分析

基于"工"字型人工电磁结构的宽带高增益周期端射天线如图 5-13 所示。天线由两部分组成:周期端射天线部分和"工"字型结构加载部分。周期端射天线部分是基于文献[11]设计的,结构尺寸与 5.4 节所述相同。天线制作在介电常数为 ε_r,厚度为 h 的基板上,优化尺寸为:$\varepsilon_r=2.2$, $h=1.5$ mm, $L_p=45$ mm, $W_p=28$ mm, $L_1=9$ mm, $L_2=11$ mm, $L_3=8.5$ mm, $\mu=0.77$, $R_1=10$ mm, $R_2=7.5$ mm, $R_3=5.625$ mm, $\alpha=70°$, $L_a=11.5$ mm。

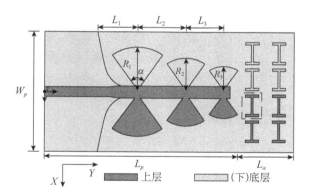

图 5-13 基于"工"字型人工电磁结构的宽带高增益周期端射天线结构

"工"字型加载结构部分由 8 个"工"字型谐振单元组成,分别对称性地印刷在基片端射方向的两边。图 5-14(a)显示的是"工"字型谐振单元结构细图。采用"工"字型谐振结构代替 5.4 节中使用的 SRR,是因为该结构更为简单,更易调控。图 5-15 通过给出无加载结构和有"工"字型加载结构天线的电流分布图来分析天线的工作原理。相比于无加载结构天线,从有"工"字型加载结构天线上可以看出,加载结构对天线的电流移动具有重要的作用。后文将对天线增益与"工"字型结构之间的关系做更深入的研究。

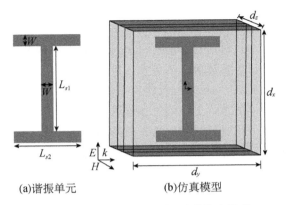

(a) 谐振单元　　　　(b) 仿真模型

图 5-14　"工"字型谐振单元及其仿真模型

同样地，采用第 2 章介绍的 S 参数提取法获取人工电磁结构参数。模型的散射参数由 HFSS 软件仿真获得，然后通过数学计算转换为结构性参数。图 5-14(b) 是提取"工"字型人工电磁结构等效折射率的仿真模型。根据 5.2 节的分析，为了保证天线的宽带效果，必须使加载结构的极化特性与初始天线模型的极

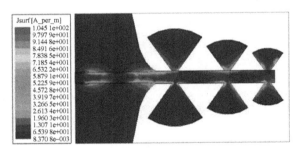

(a) 无加载结构天线的电流分布

(b) "工"字型谐振加载结构天线的电流分布

图 5-15　两个天线的电流分布

化相匹配。同样地，因为偶极子阵列天线主要辐射 x 方向极化波，而电磁波的传播方向为 y 方向，所以理想电导体边界条件和理想磁导体边界条件分别设置在空气盒子的上下表面和前后表面。仿真模型的 d_x、d_y 可以看成是单元结构在 x 和 y 方向的周期，与图 5-13 用黑色虚线框标注出的单元周期相等。

在进行结构参数分析之前，首先对极化特性进行分析。考虑到初始天线模型的极化已经确定，根据"工"字型谐振结构的特点，研究两种位置下（Location A 和 Location B）人工电磁结构的电磁特性，分别对应于第 2 章图 2-12（a）和图 2-12（b）的极化模型。根据第 2 章给出的"工"字型谐振结构的各向异性电磁特性分析，Location A 时，电场与 XY 面平行且平行于"工"字的竖杠方向，磁场与中心 Z 轴方向相同时，"工"字型结构能够产生最强的电谐振，为 ENM 材料；Location B 时，表现得则是既无电谐振，也无磁谐振。对这两种极化方式进行仿真，结果如图 5-16 所示。可见，电谐振能够更有效地提高这种天线模型的增益。根据第 2 章的内容分析，Location B 的放置方式在这种天线极化波下，"工"字型结构的传输特性呈现阻带，所以能量朝端射方向传播有限，因此天线增益提高不明显。

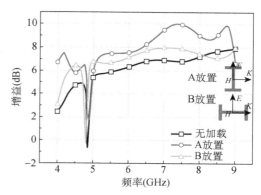

图 5-16　基于"工"字型人工电磁结构天线加载结构具有不同放置方式的仿真增益曲线

图 5-17 给出了"工"字型结构单元的仿真 S 参数（S_{21}）和由结构单元的 S 参数提取的折射率参数。4 种不同的结构类型被用来分析加载结构参数对天线性能的影响。一方面，从图 5-17（a）可以看出，"工"字型谐振结构的金属结构影响到了整个加载单元的传输特性；当工作在谐振频率点时，S_{21} 很小，很少有能量能够穿过加载"工"字型谐振结构的介质板，所以加载"工"字型谐振结构的天线在加载结构谐振频率点附近增益很低。另一方面，从图 5-18 可以看出，由斯涅儿法则（Snell's law）可知，$n_s \cdot \sin\theta_1 = n_0 \cdot \sin\theta_2$，当加载结构的折射率 n_s 变大而入射角度 θ_1 又不变时，输出角度 θ_2 变大，能量在端射 XY 平面汇聚，所以在天线端射方向能够提高增益。如图 5-17（b）所示，以 A 结构为例，当天线的工作频率低于加载结构的谐振频率时，折射率比未加载下的（D 结构）折射率高，所以能够在天线的整个工作带宽内实现增益的提高。相同的结论可以从单元结构的传输特性获得。

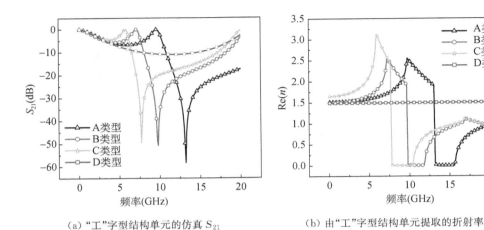

(a) "工"字型结构单元的仿真 S_{21}　　(b) 由"工"字型结构单元提取的折射率

图 5-17　"工"字型结构单元的仿真 S 参数和由结构单元的 S 参数提取的折射率参数

A 结构：$L_{s1}=4$ mm，$L_{s2}=3$ mm，$W=0.5$ mm；
B 结构：$L_{s1}=5$ mm，$L_{s2}=4$ mm，$W=0.5$ mm；
C 结构：$L_{s1}=5$ mm，$L_{s2}=7$ mm，$W=0.5$ mm；
D 结构：没有加载"工"字型谐振结构单元，保留没有金属的介质板

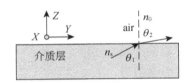

图 5-18　电磁波传播示意图

如图 5-19 所示为天线加载不同结构类型时的增益曲线。结果验证了前文的分析。当加载的"工"字型谐振结构的 S_{21} 高于 D 结构时或者当加载结构的折射率高于 D 结构时，加载结构可以看成是天线的引向器。然而当"工"字型加载结构的 S_{21} 低于 D 结构时或者当加载结构的折射率低于 D 结构时，能量受阻，天线增益很低。因此天线增益可以通过加载结构进行控制。在天线端射方向上加载大约两排对称的"工"字型结构，可以使天线在整个工作带宽内增益提高 2~4 dB。此外也研究了天线增益与天线尺寸的关系。如图 5-19 所示的 E 结构是由 4 个领结形偶极子单元组成的不加载"工"字型结构的天线类型，与加载结构天线等长度，结果表明相比于 3 单元的未加载天线增益提高了 0.5~1.5 dB，可见本方法在提高增益方面具有更好的效果。

可以预见的是，当加载"工"字型谐振结构的列数增加时，天线将具有更高的增益。如图 5-20 所示为加载天线增益与加载"工"字型谐振结构列数的关系曲线，N 越大，天线方向性越好。当取 6 列时，天线提高的最大增益达到了 5 dB。

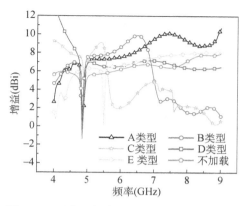
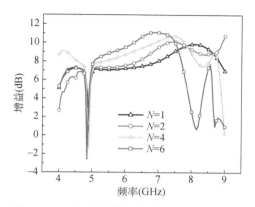

图 5-19 天线具有不同加载结构时的仿真增益曲线(E 结构为 4 个单元领结形偶极子但是不加载"工"字型谐振结构单元,与加载结构天线等长度)

图 5-20 加载天线增益与加载"工"字谐振结构列数的关系曲线

5.5.2 天线测试结果与讨论

如图 5-21 所示,加工了两个天线实物(未加载和加载 A 结构 N=2)以验证前文分析。图 5-22 给出了天线的仿真和测试反射系数曲线。未加载天线的中心频率约为 6.5 GHz,仿真和测试-10 dB 阻抗带宽分别为 39.2%和 47.7%;加载"工"字型结构天线的中心频率约为 6.5 GHz,仿真和测试-10 dB 阻抗带宽分别为 40.4%和 50.4%。因为 A 结构的谐振频率略高于天线的工作频段,所以加载结构的引入对天线匹配特性影响不大。

(a) 微带线面(上:未加载时;下:加载 A 结构时)　(b) 地板平面(上:未加载时;下:加载 A 结构时)

图 5-21 天线实物图

图 5-23 给出了天线在端射方向(+y 方向)的仿真和测试增益曲线。当不加载谐振结构时,天线增益为 4.1~6.2 dB,而当加载谐振结构时,天线在整个工作

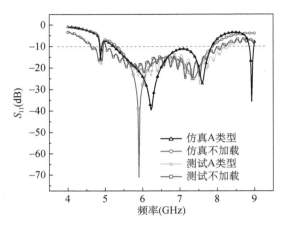

图 5-22　天线的仿真和测试的反射系数曲线

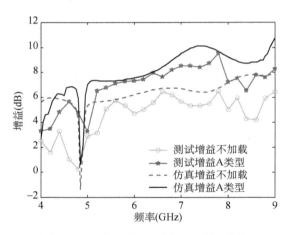

图 5-23　两个天线的仿真和测试增益曲线

频段范围(5.1 GHz～8.3 GHz)内增益达到了 6.5～9.5 dB,相比于未加载天线增加了 1.5～3.5 dB。增益在结构的谐振点处降下来了。测试增益略低于仿真结果。

图 5-24 给出了两个天线在 6 GHz、7.2 GHz 和 7.8 GHz 3 个频点处的 E 面(XY 面)和 H 面(YZ 面)远场测试方向图。$\theta=0°$是+y 轴方向。可以看出,A 结构加载天线在整个工作频段上具有更窄的波束和更好的方向性,特别是在高频段效果更明显。H 面的半功率波瓣宽度减少了大约 10°～30°。结果验证了前文的分析,加载"工"字型谐振结构确实可以提高天线的方向性。

基于 SRR 谐振结构和"工"字型谐振结构加载的人工电磁结构宽带高增益天线的理论分析和应用研究,可以得到以下结论:

(1)要实现宽带高增益的人工电磁结构天线,合理的天线基本模型可以是各

第 5 章 基于人工电磁结构的高增益天线技术研究

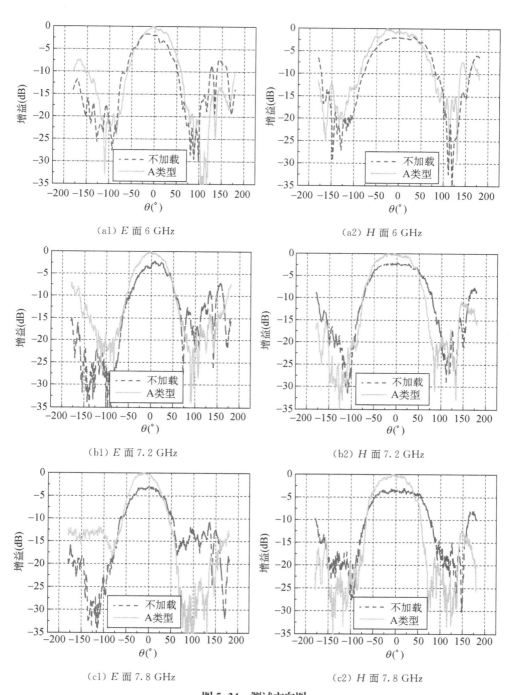

图 5-24 测试方向图

种类型,不局限于对数周期端射天线或者 Vivaldi 天线。最大辐射方向为水平方向的天线类型,无论是单向辐射、双向辐射,还是全向辐射,均可以考虑采用人工电磁结构共面加载以提高天线增益。

(2) 提高天线增益的人工电磁结构不局限于目前比较常用的零折射的左手材料,电单负和磁单负材料也可以实现波束汇聚作用,而且相比于需要电单负和磁单负共同作用实现左手材料而言,纯单负材料结构更加简单,性能更容易得到控制。

(3) 正如本书第 2 章预测,在 SRR 谐振结构和"工"字型谐振结构的谐振点频段往往结构的电磁特性会发生突变,频段较窄,损耗较大[虚部 $\mathrm{Im}(\mu_r)$ 或 $\mathrm{Im}(\varepsilon_r)$ 较大],且不易控制,而在离开谐振点的区域,谐振结构的电磁特性较为稳定,且频段较宽,损耗较小[虚部 $\mathrm{Im}(\mu_r)$ 或 $\mathrm{Im}(\varepsilon_r)$ 较小],也利于控制。对于宽带天线而言,要实现人工电磁结构整个带宽范围内增益均有明显提高,必须用到谐振结构谐振点外的频段或者是如"工"字型的弱谐振结构。

(4) 因为 SRR 谐振结构和"工"字型谐振结构均是各向异性结构,所以结构放置在天线内部,必须考虑到被加载天线的极化特性,只有使初始天线模型的极化特性和人工电磁结构的极化特性相匹配了,才能保证人工电磁结构天线也具有同样的宽带特性。

5.6　本章小结

本章首先从媒质的各向异性理论模型出发,推导了天线设计中保证阻抗匹配,拓宽工作带宽,提高天线增益的人工电磁结构的加载条件。然后在基于第 2 章对人工电磁谐振结构电磁特性分析的基础上,讨论了两种具体人工电磁结构高增益天线的实例。实验结果表明,加载 SRR 和"工"字型谐振结构实现了宽带领结形偶极子渐变周期排列天线增益的增强,在 5.1 GHz~8.2 GHz 的频段范围内增益增加了 1.3~4.2 dB。分析了天线阻抗匹配、远场辐射、增益效率等电磁特性与人工电磁结构单元参数、加载方式之间的关系。最后总结了人工电磁结构高增益天线的设计原则,为此类天线的推广奠定了基础。

参考文献

[1] Zhou Hang, Pei Zhibin, Qu Shaobo, et al. A Novel High-Directivity Microstrip Patch Antenna Based on Zero-Index Metamaterial[J]. IEEE Antennas and Wireless Propagantion Letters, 2009, 8: 538-541.

[2] Issa I B, Rian R, Essaaidi M. Circularly polarized microstrip patch antenna gain improvement using new left-handed metamaterial structure[C]. Microwave Symposium

(MMS),2009:1-3.

[3] Ma H F, Chen X, Xu H S, et al. Experiments on high-performance beam-scanning antennas made of gradient-index metamaterials[J]. Applied Physics Lett., 2009, 95: 094107-094107-3.

[4] Ma H F, Chen X, Yang X M, et al. Design of multibeam scanning antennas with high gains and low sidelobes using gradient-index metamaterials[J]. Journal of Applied Physics, 2010, 107: 014902-014902-9.

[5] 郭晓静,赵晓鹏,刘亚红,等.基于零折射超材料的高定向性微带天线[J].电子技术应用, 2011,37(6):110-112.

[6] 汤杭飞,王虎,郭晓静,等.利用负磁导率材料提高宽带微带天线增益[J].现代雷达,2011, 33(4):58-61.

[7] Zhou B, Li H, Zou X Y, et al. Broadband and high-gain planar vivaldi antennas based on inhomogeneous anisotropic zero-index metamaterial[J]. Progress in Electromagnetics Research, 2011, 120: 235-247.

[8] Lin Y D, Tsai S N. Analysis and design of broadside-coupled striplines-fed bow-tie antenna[J]. IEEE Trans. Antennas Propag., 1998,46(3):459-460.

[9] Soliman E A, Brebels S, Delmotte P, et al. Bow-tie slot antenna fed by CPW[J]. Electron. Lett., 1999,35(7):514-515.

[10] Kiminami K, Hirata A, Shiozawa T. Double-sided printed bow-tie antenna for UWB communication[J]. IEEE Antennas Wireless Propag. Lett., 2004,3:152-153.

[11] Qu S W, Li J L, Xue Q, et al. Wideband periodic endfire antenna with bowtie dipoles[J]. IEEE Antennas Wireless Propag. Lett., 2008,7:314-317.

[12] Lo Y T, Lee S W. Antenna Handbook: Theory Applications and Design[M]. New York: Van Nostrand Reinhold, 1988.

[13] Veselago V G. The electrodynamics of substances with simultaneously negative electrical and magnetic permeabilities[J]. Sov. Phys. Usp., 1968,10:509-517.

[14] Smith D R, Padilla W J, Vier D C, et al. Composite medium with simultaneously negative permeability and permittivity[J]. J. Phys. Rev. Lett., 2000,84:4184-4187.

[15] Eleftheriades G V. Enabling RF/microwave devices using negative refractive-index transmission-line(NRI-TL) metamaterials[J]. IEEE Antennas Propag. Mag., 2007, 49 (2):34-51.

[16] Lee C J, Leong K, Itoh T. Composite right/left-handed transmission line based compact resonant antennas for RF module integration[J]. IEEE Trans. Antennas Propag., 2006, 54:2283-2291.

[17] Lovat G, Burghignoli P, Capolino F, et al. Analysis of directive radiation from a line source in a metamaterial slab with low permittivity[J]. IEEE Trans. Antennas. Propag., 2006,54(3):1017-1030.

[18] Lovat G, Burghignoli P, Capolino F, et al. Combinations of low/high perimittivity and/or

permeability substrates for highly directive plannar metamaterial antennas[J]. IET Microw Antennas Propag, 2007,1:177-183.

[19] Huang Y, De A, Zhang Y, et al. Enhancement of radiation along the ground plane from a horizontal dipole located close to it[J]. IEEE Antennas Wireless Propag. Lett., 2008,7: 294-297.

[20] Chen X, Grzegorczyk T M, Wu B I.Robust method to retrieve the constitutive effective parameters of metamaterials[J]. Phys. Rev. E, 2004,70:016608-016608-7.

[21] Smith D R, Vier D C, Koschny T, et al. Electromagnetic parameter retrieval from inhomogeneous metamaterials[J]. Phys. Rev. E, 2005,71:036617-036617-11.

第 6 章
基于人工电磁结构的宽波束天线技术研究

6.1 前言

随着卫星通信、导航定位、测距遥控和移动通信系统的快速发展和广泛应用，为了满足不同用户的特殊需求，系统对天线的性能提出了越来越高的要求，因此天线设计者也将面临新的问题和挑战。如我国的北斗系统和美国的 GPS 地面用户机系统，都要求天线拥有圆极化性能，具备近似半球形宽波束的覆盖能力、高低仰角增益，同时在特殊应用场合甚至还要求在极低仰角方向图迅速截止、低交叉极化等特性。因此，天线的工作性能在很大程度上决定了通信系统的工作性能。

目前实现宽波束圆极化性能的天线形式主要包括四臂螺旋天线、交叉振子天线和微带天线。四臂螺旋天线具有心形方向图，波瓣宽度很宽，低仰角的圆极化性能优良。其缺点在于结构复杂、成本高、带宽窄、增益低，在多径干扰严重的环境中不实用。交叉振子天线易加工，带宽较宽，且具有较宽的波束，可以用作高动态的军用场合或者性能要求比较苛刻的场合。四臂螺旋天线和交叉振子天线最主要的缺点是剖面高，不适合集成与共形。

微带天线具有低剖面、易集成、成本低的独特优势，所以成为宽波束圆极化天线的发展趋势。然而传统微带天线的波束宽度仅为 70°～100°，很难满足通信系统的应用需求[1]。在现阶段，展宽微带天线波束宽度、提高低仰角增益的主要方法有使用高介电常数基板[2]、加载弯折结构[3-5]或者工作在高阶模式[6-7]等。文献[8]提出了一种安装在三维地的圆极化天线，天线的 3 dB 轴比波束宽度为 113°，但是天线厚度超过了 0.45λ。H.Nakano 等通过使用折叠导电墙设计了一款部分封闭贴片天线，天线高度仅为 0.04λ，但是该天线的 HPBW 只有 106°[3]。文献[4]报道了一种在辐射单元周围围一层介质墙的方法，使得天线的波瓣宽度达到了 125°。然而波瓣宽度仍然有限。后来 C. W. Su 等设计了一款具有金字塔形地面的部分封闭贴片天线，天线高度为 0.12λ，3 dB 轴比波束宽度超过了 130°[5]。另外，两层层叠电磁耦合微带贴片天线通过加载缝隙和枝节实现了宽波束[7]。T. P. Wong 和 K. M. Luk 实现了 L 型馈电贴片天线阵列的宽波束特性，但是只有

H 面的方向图展宽到了 103°[9]。X. Lan 设计了一款 GPS 天线,天线包含 4 个圆形槽环,由旋转螺旋馈电网络馈电[10]。I. Ohtera 发现弯折漏波结构在宽波束天线中具有应用前景[11]。A. E. Popugaev 等设计了一款新颖的低成本卫星导航天线,3 dB 轴比波束宽度超过了 150°[12]。S. Y. Wang 等提出了一款紧凑型的宽带宽波束毫米波微带天线,天线结构由多层介质板、寄生单元、导体柱和耦合缝隙组成[13]。然而这些天线结构复杂并且失去了低剖面的特性。

可见,宽波束天线的低剖面要求仍然是困扰卫星通信的一个难题。现有的宽波束技术使得天线结构复杂化,调控难度增加。人工电磁结构的折射率任意可控性为展宽天线辐射波瓣宽度提供理论可能。由前文可知,当微结构单元满足亚波长尺寸条件时,人工电磁材料对入射电磁波的响应是以反射和折射为主,结构可以视为均匀等效媒质;而当单元结构不满足亚波长条件时,材料对电磁波的响应是以散射和衍射为主。在第 2 章中我们分析了亚波长条件下谐振型人工电磁结构通过 S 参数提取法获得其等效媒质参数。那么在不满足亚波长条件时,我们如果通过 S 参数提取的结构电磁参数与人工电磁结构天线性能的关系将会如何呢?本章首先通过分析谐振型人工电磁结构在尺寸波长可比拟情况下的电磁特性,讨论人工电磁结构天线的波束特性与人工电磁结构单元参数、加载方式之间的关系。然后基于谐振结构的理论分析,分别采用 CSRR 和"工"字型谐振结构单元加载来控制微带天线 H 面的波束指向,结果表明通过控制双加载 CSRR 结构的参数,天线可以实现 $-51°\sim48°$ 角度的扫描范围;而通过控制双加载"工"字型结构的参数,天线可以实现 $-33°\sim+36°$ 角度的扫描范围,验证了共面加载人工电磁结构控制平面天线波束的可行性,详细内容将在 6.2、6.3 节给出。

在 6.2、6.3 节所述内容的基础上,本书提出了一种通过加载微带谐振结构控制圆极化微带天线波瓣宽度的方法,天线结构简单且保持低剖面特性。8 条微带弯折线就像天线的引向器对称地围绕在辐射贴片周围以控制天线波束。为了提高天线圆极化性能,使用一个由 3 个威尔金森功分器组成的一分四网络用于天线馈电。加工天线实物验证了理论分析。结果表明天线 3 dB 波束宽度(包括 E 面和 H 面)大于 150°,并且在该波束范围的天线轴比小于 4 dB。天线具有良好的低剖面特性(高度仅为 0.02λ)。

6.2 波长可比拟条件下谐振型人工电磁结构的电磁特性

在第 2 章中,我们分析了亚波长条件下谐振型人工电磁结构的包括电负特性、磁负特性、各向异性特性和结构参数特性等在内的电磁特性。对于具有电谐振特性的 CSRR 谐振结构和"工"字型谐振结构,当其工作在电等离子体频段时,具有亚波长特性。事实上,在波长可比拟的条件下,人工电磁结构的谐振特性与亚波长条件下有类似的特点。我们以最为简单的"工"字型为例进行分析。考虑到6.4节会用到矩形微带天线的极化模型，这里分析图2-12(d)的模型。采用2.2节介绍的等效媒质参数提取方法，对"工"字型谐振结构进行宽频带等效媒质参数提取，结果如图6-1所示。

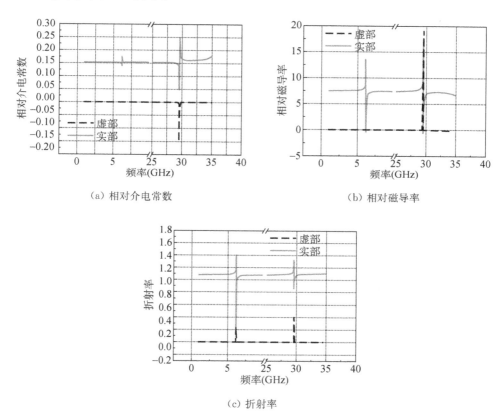

(a) 相对介电常数

(b) 相对磁导率

(c) 折射率

图6-1 "工"字型谐振结构的宽频带等效媒质参数

根据第2章的分析，电磁波的电场垂直于"工"字型结构平面，磁场垂直于"工"字的竖杠，考虑到结构的对称性，电谐振很弱；但是"工"字型结构就像两个开口环背靠背连接，所以能够产生磁谐振，等效磁导率的实部 $\mathrm{Re}(\mu_{eff})$ 在整个频带都保持正值，但是在亚波长频段 7 GHz～7.5 GHz 内出现了微弱的磁响应。当我们将观察的频段拓展到尺寸可比拟的频段时，可以看到，在 30 GHz 左右的频段处，结构产生了与亚波长相同的电磁谐振特性。等效介电常数和等效磁导率均略大于亚波长频点的幅度，但是变化趋势基本一致，等效介电常数的实部均是先降后升，而等效磁导率的实部和等效折射率的实部均是先升后降。值得一提的是，30 GHz 对应的空气波长为 10 mm，因为基板的介电常数为 2.2，所以对应的介质

波长为 $\lambda_g = \lambda_0/(\varepsilon_{eff})^{1/2}$，其中 $(\varepsilon_{eff})^{1/2} \approx (\varepsilon_r+1)/2$，计算得 $\lambda_g = 6.25$ mm，与单元结构的长度 6.2 mm 很接近。所以该模式为波长可比拟的谐振点。事实上对于其他的极化入射电磁波，我们可以获得相同的结论，在此不再赘述。

虽然结构在波长可比拟的谐振点具有较大的尺寸，但是其具有与由亚波长单元结构构成的人工电磁材料相同的电磁特性，所以在很多特殊的场合，可以利用此特性用单个波长可比拟单元代替亚波长周期单元结构，构造具有特殊性能的微波器件和新型人工电磁结构天线。6.3、6.4、6.5 节将利用人工电磁结构在波长可比拟条件下的电磁特性设计新颖的波束扫描天线和低剖面宽波束圆极化微带天线。

6.3 基于 CSRR 谐振结构的紧凑型波束扫描天线设计

如今，波束扫描天线在卫星通信和蜂窝通信等现代通信系统中应用广泛。控制天线方向图的方法有很多，如采用伺服系统、移相器、电扫描无源阵列辐射器等等[14-18]。然而伺服系统尺寸大、功耗强、成本高。移相器一般采用固态器件、微电微机系统、磁性材料以及半导体开关等来实现天线的波束扫描[14-15]。然而移相器在实际应用中仍然显得成本太高。此外，这些器件会在射频源和辐射单元之间引入插损。尽管电扫描无源阵列辐射器能够无须移相器就实现波束扫描[16-18]，但是波束扫描的方向取决于无源辐射器的个数。此外该类天线结构仍然显得复杂，且失去了低剖面的特性。文献[19-20]报道了平面微带天线的波束控制设计。然而这些天线要么尺寸太大，要么受限于 PIN 二极管的状态。

人工电磁结构凭借其特有的电磁属性在设计新颖波束扫描天线中得到了很好的应用[21-25]。一方面，采用 CRLH TL 人工电磁结构设计漏波天线，可以获得全空间动态扫描特性，无须复杂的馈电网络就可以在平面结构中获得扇形波束、锥形波束和铅笔波束等特性[22-23]。然而这些结构大多采用多个周期单元组成，结构较为复杂。另一方面，人工电磁结构的折射率可以为正、负和零，这为控制天线波束提供了新的方案。文献[24]采用渐变人工电磁结构透镜实现对入射平面波的偏折和汇聚控制。基于零折射率人工电磁结构的高方向性天线也有报道[25]。然而由多块介质板组成的多层结构使得此类高方向性天线又厚又重。

本节提出了一种新颖的基于 CSRR 谐振结构共面加载的紧凑型波束扫描单贴片天线。通过提取加载结构的参数，来分析其对天线方向图的影响。结果表明波束扫描偏角曲线与 CSRR 结构的折射率曲线变化趋势相同；通过人工控制 CSRR 的结构参数，可以实现天线的波束扫描功能；天线的阻抗匹配特性对加载结构并不敏感。本节采用基于有限元法的 HFSS 软件设计天线，加工制作了两款天线验证理论分析。

6.3.1 天线设计与分析

天线结构如图 6-2 所示。天线选用的板材介电常数为 $\varepsilon_r = 3.5$,厚度为 3 mm。天线的中心频率为 2 GHz,优化尺寸为 $L_g = 85$ mm, $L_p = 38$ mm。通过调整馈电位置 S 获得较好的匹配特性,最终取 $S = 11.9$ mm。

如图 6-2 所示,天线只包括刻蚀在地板一边的一个加载单元结构。因为微带天线的主模为 TM10 模,可以将天线辐射贴片的两条辐射边近似为两个反相的磁流线[26]。AB 和 CD 两条边为天线的辐射边。在本设计中,CSRR 结构放在非辐射边来控制天线的方向图。CSRR 结构如图

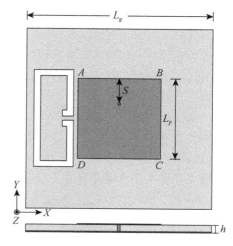

图 6-2 单加载 CSRR 天线结构

6-3(a)所示。事实上,如果将人工电磁单元结构加载在辐射边的话,将会影响到天线的有效尺寸,进而使天线的工作频率发生变化,甚至产生新的谐振模式,所以这种方法并不能控制天线 E 面的波束。

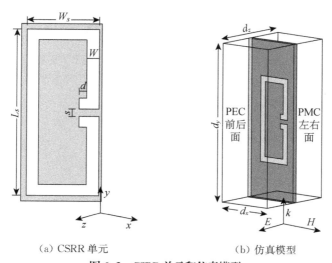

(a) CSRR 单元　　　　　　　(b) 仿真模型

图 6-3 CSRR 单元和仿真模型

图 6-4 通过给出天线地板的表面电流分布图来分析天线的工作原理。相比于无加载结构的天线,从有 CSRR 加载结构天线可以看出,CSRR 加载结构对天线电流移动具有重要的作用[27-29]。后面将对天线波束偏角与 CSRR 加载结构等

效折射率之间的关系做更深入的研究。最常用和有效的提取人工电磁结构参数的方法是本书第 2 章中介绍的 S 参数提取方法[30-31]。模型的散射参数由 HFSS 软件仿真获得,然后通过数学计算转换为结构性参数。图 6-3(b)是提取 CSRR 等效折射率的仿真模型。因为穿过介质板的电场和磁场分别垂直贴片和与辐射边平行,所以对于 CSRR 加载结构只有当电场与 z 轴平行,磁场与 x 轴平行时才有意义。因此将理想电导体 PEC 边界条件和理想磁导体 PMC 边界条件分别设置在空气盒子的前后表面和左右表面。CSRR 结构和仿真模型盒子优化尺寸为:$L_s = 46$ mm,$W_s = 18$ mm,$W = 3$ mm,$s = 2$ mm,$d_x = 30$ mm,$d_y = 85$ mm,$d_z = 45$ mm。可以看出 CSRR 此时的尺寸接近天线工作波长的一半,所以为尺寸波长可比拟情况。此时的等效媒质参数提取方法提取出来的参数严格意义上说不仅仅是反射和透射的效果,还包括散射和衍射的作用。

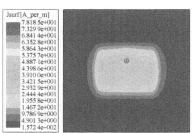

(a) 无 CSRR 加载结构　　　　　　(b) 非辐射边加载 CSRR 结构

图 6-4　天线地板的表面电流分布

但是对于天线而言,这一部分可以看成是天线的移相结构。我们知道加载结构的相位变化公式为:$\theta = kd = 2\pi/\lambda_0 \cdot nD$。其中 k 是等效波常数,λ_0 是空气波长,D 是传播方向的单元长度,n 是等效折射率。

CSRR 单元提取的参数如图 6-5 所示。通过加载 3 种不同长度的槽枝节结构来分析 CSRR 结构参数对天线性能的影响。槽枝节长度不一样使得折射率也不一样,进而引起不等的相移。因此 CSRR 加载结构可以作为移相器用于实现天线波束扫描。n 越大,相移越大,进而波束扫描偏角越大。图 6-6 给出了不同加载结构的天线仿真波束扫描偏角曲线。天线波束偏角的变

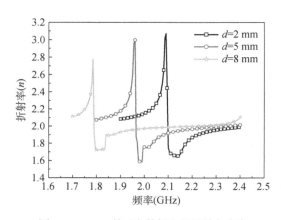

图 6-5　CSRR 单元参数提取的折射率曲线

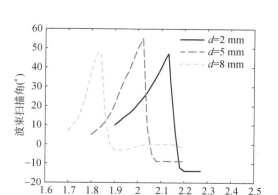

图 6-6　单 CSRR 结构加载天线的仿真波束偏角曲线

化趋势与人工电磁结构折射率的变化趋势一致,特别是在结构谐振点附近,折射率发生突变,波束偏角也相应地跳变。结果验证了前文的分析。

6.3.2　天线测试结果与讨论

设计制作了两种 CSRR 加载天线以验证理论分析。天线参数与前文一致。

首先,如图 6-2 所示,我们在一条非辐射边(AD)的下方刻蚀一个 CSRR 结构。图 6-7 所示,单 CSRR 结构加载天线的波束偏角曲线的测试结果与仿真结果吻合。如图 6-8 所示,我们取 1.96 GHz 为例,获取不同结构尺寸在相同的工作频率下的天线方向图。槽枝节长度 $d=8$ mm,$d=2$ mm,$d=5$ mm 时,天

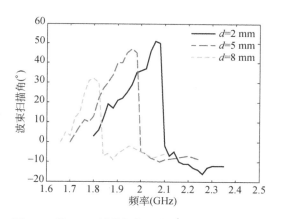

图 6-7　单 CSRR 结构加载天线的测试波束偏角曲线

线 H 面(XZ 面)的偏角分别为 $-2°$,$25°$,$48°$。可见通过调节槽枝节 d 的长度可以实现波束扫描。E 面(YZ 面)波束则保持 Z 轴边射不变。

图 6-9 给出了 3 种类型的仿真与测试反射系数曲线,其中测试结果略低于仿真结果,这是因制作公差导致的。从图中还可以看出天线的阻抗匹配特性对 CSRR 结构并不敏感,这是因为加载结构位于非辐射边,并不影响天线的尺寸和谐振特性。

因为单 CSRR 结构加载天线能够实现一个方向的波束扫描,所以可设计双 CSRR 结构加载天线以实现正负方向的波束扫描。天线结构如图 6-10 所示。两

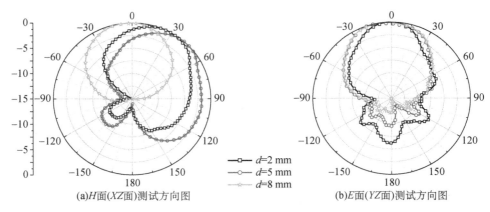

图 6-8 不同加载类型的单 CSRR 结构加载天线的 1.96 GHz 测试方向图

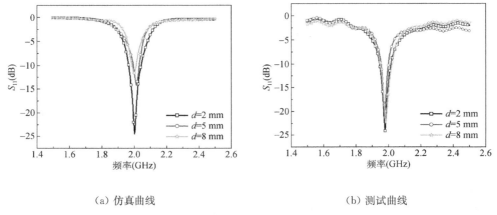

图 6-9 不同加载类型的单 CSRR 结构加载天线的仿真和测试反射系数曲线

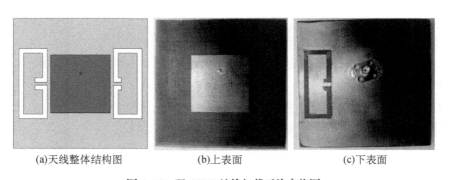

图 6-10 双 CSRR 结构加载天线实物图

个 CSRR 结构分别刻蚀在两条非辐射边（AD）和（BC）的下方，结构尺寸相同，但是槽枝节的长度不一样，分别为 d_1 和 d_2。

测试了双 CSRR 结构加载天线的波束扫描角。图 6-11 给出了不同 CSRR 结构参数在相同工作频率 1.96 GHz 的远场测试方向图。不同 d_1 和 d_2 下 H 面的扫描角度分别为 $-51°$, $-32°$, $-3°$, $33°$, $48°$, 而 E 面波束保持边射不变。此外测试结果表明 CSRR 结构加载天线的辐射效率高于 80%。图 6-12 显示不同结构参数下天线的测试反射系数基本不变。可见 CSRR 结构对天线的阻抗匹配特性无影响。

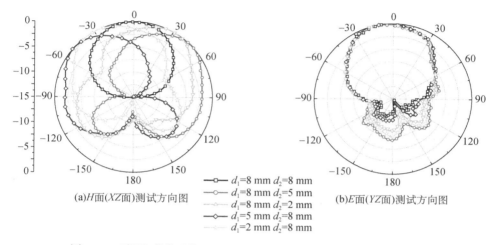

图 6-11　不同加载类型的双 CSRR 结构加载天线的 1.96 GHz 测试方向图

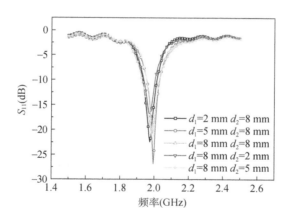

图 6-12　不同加载类型的双 CSRR 结构加载天线的测试 S_{11}

6.4　基于"工"字型谐振结构的紧凑型波束扫描天线设计

本节提出了一种新颖的基于"工"字型谐振结构的紧凑型波束扫描单贴片天线。传统的谐振结构，比如槽、SRR 等可以被用来实现带陷或新的工作频段[32-35]。但是本书引入谐振结构是为了控制天线波束。对加载结构进行参数提取以分析其对天线波束的影响。结果表明波束扫描偏角曲线与"工"字型结构的折射率曲线变化趋势相同。我们加工制作了天线实物,通过控制双加载"工"字型结构的集总电感值,天线实现了$-33°\sim +36°$扫描范围。本书采用集总电感代替变压电感进行理论验证。

6.4.1 天线设计与分析

天线结构如图 6-13 所示。天线选用的板材介电常数为 $\varepsilon_r=3.5$,厚度为 3 mm。天线设计在中心频率为 2 GHz,优化尺寸为 $L_s=85$ mm,$L_g=55$ mm,$L_p=38$ mm。通过调整馈电位置 S 获得了较好的匹配特性,最终取 $S=11.9$ mm。

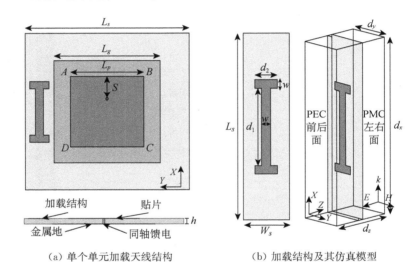

(a) 单个单元加载天线结构　　(b) 加载结构及其仿真模型

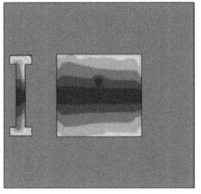

(c) 1.96 GHz 电场分布

图 6-13　设计天线的结构

第6章 基于人工电磁结构的宽波束天线技术研究

如图 6-13 所示，与 CSRR 结构不同的是，谐振结构部分只包括刻蚀在介质板上表面的一个"工"字型微带线。同样地，天线的主模为 TM10 模，将辐射贴片的两条辐射边近似为两个反相的磁流线。AB 和 CD 两条边为天线的辐射边。在本设计中，加载结构放在非辐射边来控制天线的方向图。"工"字型结构如图6-13(b)所示。图 6-13(c)给出了加载天线的电流分布图，可以看出，加载结构对天线电流移动具有重要的作用。

同样采用前文提出的 S 参数提取方法分析加载结构的电磁特性。模型的散射参数由 HFSS 软件仿真获得，然后通过数学计算转换为结构性参数。图 6-13(b)是提取人工电磁结构等效折射率的仿真模型。因为穿过矩形微带天线介质板的电场和磁场分别垂直贴片和与辐射边平行。所以只有当电场与 z 轴平行，磁场与 x 轴平行时才有意义。因此将理想电导体 PEC 边界条件和理想磁导体 PMC 边界条件分别设置在空气盒子的前后表面和左右表面。加载结构和仿真模型盒子优化尺寸为：$L_s = 85$ mm，$W_s = 15$ mm，$d_1 = 31$ mm，$d_2 = 10$ mm，$w = 4$ mm，$d_x = 85$ mm，$d_y = 15$ mm，$d_z = 45$ mm。此时加载结构与天线的工作波长也是可比拟的，与 6.2 节分析的结构模型和极化特性一致。

加载结构单元提取的参数如图 6-14(a)所示。同样地，由加载结构的相位变化表达式（$\theta = kd = 2\pi/\lambda_0 \cdot nD$，其中 k 是等效波常数，λ_0 是空气波长，D 是传播方向的单元长度，n 是等效折射率）可以看出在加载结构的谐振点，提取的参数[Re(n)]会有一个突变，为了获得相位变化，可以调整单元尺寸以控制谐振频率进而改变折射率。单元尺寸如条带长度 d_1，条带宽度 w 和两枝节长度 d_2 对谐振频率和折射率分布有关联。条带越长或越宽则谐振频率越往低频率移动。简单起见，取三种具有不同的中心条带长度的加载结构来分析结构参数对天线性能的影响。

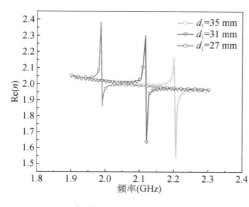

(a) 加载结构提取的折射率曲线

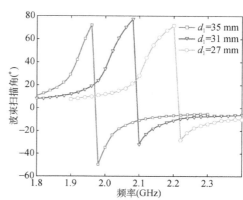

(b) 单个单元加载结构天线仿真波束扫描偏角曲线

图 6-14　加载结构单元提取的参数曲线及不同加载结构下的天线仿真波束扫描偏角曲线

条带长度不一样使得折射率分布也不一样,进而引起不等的相移。因此加载结构可以作为移相器进而实现天线的波束扫描。n 越大,相移越大,进而波束扫描偏角越大。图 6-14(b)给出了不同加载结构下的天线仿真波束扫描偏角曲线。可以看出波束扫描偏角曲线与加载结构的折射率具有相同的变化趋势。结果验证了前文的分析。

图 6-15 显示出 3 种不同结构参数下天线的反射系数基本不变。可见加载结构对天线的阻抗匹配特性影响不大。

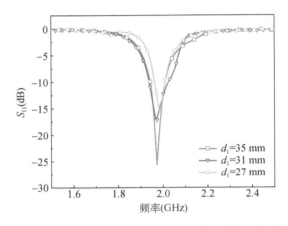

图 6-15　不同加载模型下的单个单元加载结构天线的仿真反射系数

6.4.2　天线测试结果与讨论

因为介质基板上的微带线可以等效为串联电感,所以可以用集总电感取代部分微带线来控制天线波束。如图 6-16 所示,在微带线中间腐蚀掉一个 2 mm 的缝隙用于焊接电感。因为单结构加载天线能够实现一个方向的波束扫描,下面设计双结构加载天线以实现正负方向的波束扫描。两个加载单元结构分别刻蚀在两条非辐射边(AD)和(BC)的下方,尺寸相同,加载的集总电感值不一样,分别为 V_1 和 V_2。

天线的参数与第 6.4.1 节的一致。考虑到实验室条件的限制,本书中采用集总电感代替变压电感进行理论验证。实际上在使用变压电感而不是集总电感时,会有许多问题需要考虑。首先,将会带来新的损耗,进而影响到辐射效率。其次,在实际应用中,变压电感的调节电路对天线的方向图影响很大。这些问题都需要特别考虑。

首先,保证一边的加载电感不变 $V_1=8.2$ nH(BC 边),而改变另一边(AD 边)的电感值 V_2,如图 6-17(a)所示,此时天线的测试波束扫描偏角曲线与第 6.4.1 节的单个单元结构加载天线的趋势相似。然后保持 AD 边的电感值 V_2 不变,改变

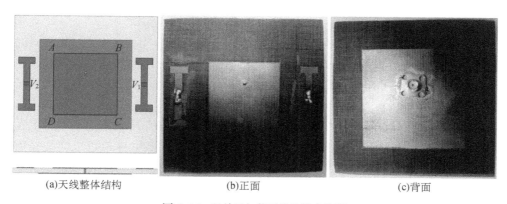

图 6-16 双单元加载天线结构实物图

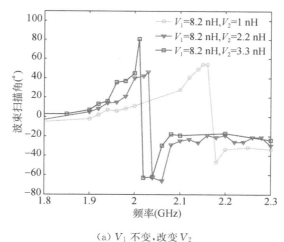

(a) V_1 不变,改变 V_2

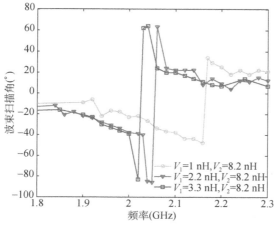

(b) V_2 不变,改变 V_1

图 6-17 双单元加载天线的测试波束扫描偏角曲线

BC 边的加载电感 V_1，将获得相反的变化趋势，如图 6-17(b)所示。

图 6-18 给出了加载双单元结构天线的电流分布图。可以看出，加载不同的电感值同一工作频点将会产生不同强度的电场分布，进而影响天线的辐射方向图。图 6-19 给出了加载不同集总电感值在相同工作频率 1.96 GHz 的测试远场方向图。不同 V_1 和 V_2 下 H 面的扫描角度分别为 $-33°$，$-21°$，$-6°$，$+6°$，$+14°$，$+36°$。E 面没有波束扫描而是保持 Z 轴边射不变。波束偏角不相等主要是由测试误差带来的。由图 6-19 可以看出，通过调整加载电感值可以实现波束扫描的功能。图 6-20 显示出 5 种不同结构参数下天线的测试反射系数基本不变。可见加载结构对天线的阻抗匹配特性影响不大。

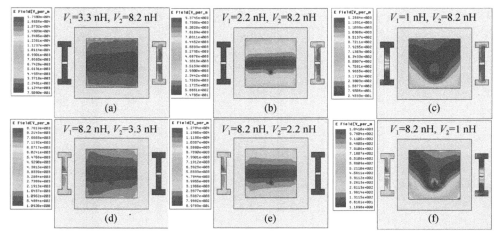

图 6-18　1.96 GHz 双单元加载天线的仿真电场分布

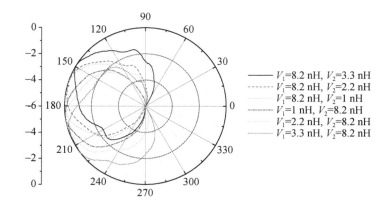

图 6-19　1.96 GHz 不同加载类型的双单元加载天线的测试远场方向图

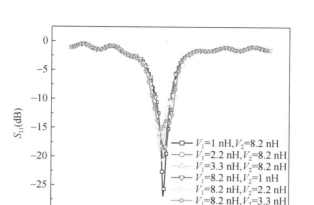

图 6-20 不同加载类型的双单元加载天线的测试反射系数曲线

通过 6.3 节和 6.4 节的两类人工电磁结构天线设计,我们可以得到如下结论:

(1) 采用等效媒质提取法获得尺寸波长可比拟的人工电磁结构的移相特性,可以定性地分析加载结构对天线方向图的控制功能。将谐振结构的谐振点设计在天线工作频段附近,通过调整结构参数,控制结构折射率分布,从而产生不同的相移和渐变的波束扫描偏角。

(2) 相比于 CSRR 结构的强谐振特性,尽管"工"字型结构的弱谐振特性使得可实现的最大扫描偏角更有限,但是其结构简单和易加载偏压控制电路的特性使其更容易实现电控功能。

(3) 虽然本书中没有单独进行讨论,但是显然 CSRR 结构和"工"字型结构在尺寸可比拟的条件下仍然存在各向异性特性。为了不使初始天线模型的阻抗匹配特性发生变化,人工电磁结构既要加载在天线的非辐射边的位置,也要充分考虑结构的极化特性,使其与初始天线模型的极化特性相匹配。

(4) 两节的天线模型加载的人工电磁结构均具有尺寸波长可比拟的特点。对此,我们也对"工"字型人工电磁结构的亚波长情况进行了仿真,如图 6-21 所示,与图 6-1 相比,波束扫描偏角曲线与加载结构的折射率分布曲线也具有相同的变化趋势。相比于使用亚波长人工电磁材料而言,波长可比拟的单个结构单元就可以实现由周期单元组合构成材料的相同效果,且结构更为简单,更容易得到控制,在实际应用中更具有实用性。

(5) 值得强调的是,因为人工电磁结构在尺寸波长可比拟下并不满足亚波长的条件,此时起主要作用的不仅仅是反射和折射,还包括散射和衍射响应,所以采用 S 参数提取方法只能定性地分析天线的辐射特性,更严格的定量分析还需要综合考虑电磁波的各种响应。

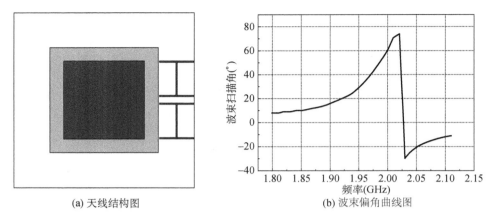

(a) 天线结构图　　　　　　　　(b) 波束偏角曲线图

图 6-21　加载"工"字型结构的人工电磁结构天线简图和在亚波长条件下的波束偏角曲线图

6.5　基于弯折微带谐振结构加载的低剖面宽波束圆极化微带天线

前两节详细介绍了通过共面加载人工电磁结构实现对方形微带天线的波束控制。因为人工电磁结构的折射率与介质板的厚度关系不大(第 2 章结论),理论上可以实现剖面任意小的波束可控人工电磁结构天线。显然可以通过在两条非辐射边共面加载相同的人工电磁结构来展宽天线一定工作频段内 H 面的波瓣宽度而不受天线剖面的限制。但是这种方案只能展宽 H 面的波束宽度,对于 E 面的波束起不到展宽效果。此外,前文也只是对线极化的情况进行了研究,对于更具有实用性的圆极化的情况并未进行深入的探讨。

本节在 6.2、6.3、6.4 节的基础上,提出了一种通过加载微带谐振结构控制圆极化微带天线波瓣宽度的方案,天线结构简单,具有低剖面特性。八条微带弯折线对称地围绕在辐射贴片周围以控制天线方向图。为了提高天线圆极化特性,使用一个由 3 个威尔金森功分器组成的一分四网络用于天线馈电。加工天线实物验证了理论分析。测试结果表明天线 3 dB 波束宽度(包括 E 面和 H 面)大于 150°,并且该波束范围的天线轴比小于 4 dB 且具有低剖面特性(高度仅为 0.02λ)。

6.5.1　天线设计与分析

天线结构如图 6-22 所示,天线由两部分组成:馈电部分和辐射部分。下层馈电网络由 3 个威尔金森功分器组成,其中馈线印刷在介电常数为 ε_{r1},厚度为 h_1,半径尺寸为 R_4 的介质板上。探针半径为 0.65 mm。上层部分由圆形辐射贴片(尺寸为 R_1)印刷在介电常数为 ε_{r2},厚度为 h_2,半径尺寸为 R_4 的介质板上。8 条弯折微带线在辐射贴片周围围成一个环形,环形中央与介质板中心重合作为坐标原点。地板印刷在两层介质板中间,半径尺寸为 R_2。馈电网络的 4 个输出端口通过 4 个探针对称地连接到辐射贴片。在金属地面探针对应的位置上腐蚀掉 4 个尺寸略大于探针半径尺寸的圆孔,起到隔离的效果。探针距离辐射贴片边沿的距离为 d,通过调整该参数可获得较好的匹配效果。通过设计介质板和贴片尺寸使天线中心工作频率为 2.1 GHz。天线优化参数如表 6-1 所示。

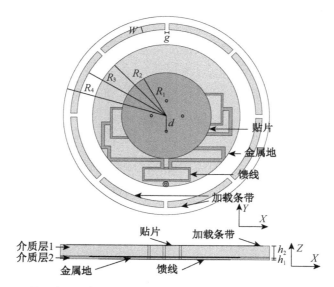

图 6-22 基于弯折微带谐振结构加载的低剖面宽波束圆极化微带天线结构图

表 6-1 天线参数

R_1	R_2	R_3	R_4	W	g
22 mm	36 mm	43.7 mm	50 mm	3 mm	2 mm
h_1	h_2	ε_{r1}	ε_{r2}	Z	d
0.5 mm	3 mm	2.2	3.5	100 Ω	7.5 mm

馈电结构如图 6-23 所示。3 个由微带线连接的威尔金森功分器实现了一分四的馈电网络。馈电网络的 4 个输出信号具有等幅相邻单元相差 90°的特性。图 6-24 给出了馈电网络的 S 参数,可见 4 个端口的输出信号幅度波动小于 0.2 dB,而相邻端口的相位差为 90°。圆形辐射贴片周围的弯折微带结构就像 8 个引向器一样,导引部分电磁能量向天线边沿辐射。图 6-25 给出了几种天线类型的仿真归一化方向图。没有微带弯折加载结构但有伸出介质的天线 HPBW 为 $-45°\sim+45°$;没有微带弯折加载结构也没有伸出介质的天线 HPBW 为 $-47°\sim+45°$;而我们

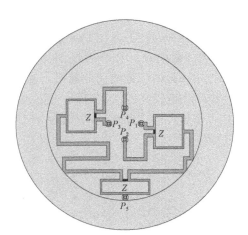

图 6-23　天线馈电网络

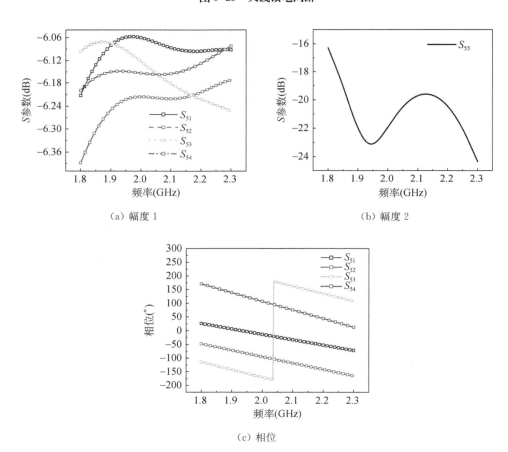

（a）幅度 1

（b）幅度 2

（c）相位

图 6-24　馈电结构的 S 参数

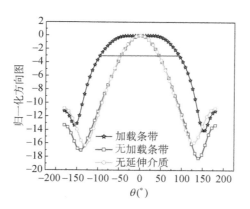

图 6-25 几种天线结构类型归一化方向图

提出的有微带弯折加载结构也有伸出介质的天线 HPBW 为 $-95°\sim +93°$，几乎是传统微带天线的两倍。

下面进一步研究加载结构与天线辐射特性的相互关系。加载结构的谐振波长可以用下式近似表示：$\lambda_g = \lambda_0/(\varepsilon_{eff})^{1/2}$，其中，$\lambda_g$ 和 λ_0 分别是在介质和空气中的波长，ε_{eff} 是等效介电常数，为 $(\varepsilon_{eff})^{1/2} \approx (\varepsilon_r + 1)/2$，加载结构的谐振点在 2.2 GHz，接近天线的中心工作频率 2.1 GHz。为了获得紧凑和对称的天线结构，在圆形辐射单元周围等距的加载 8 根尺寸一样的微带线。

图 6-26 给出了包括增益、HPBW 和前后比等天线的辐射特性在整个带宽的曲线。可以得到以下结论：①天线增益在加载谐振结构的谐振点上降低了，就像一个禁带一样，但是降低程度并不严重，这主要是因为加载的微带线并不是强谐振结构。②天线的 HPBW 在加载结构的谐振点上得到了很大的增强。③加载天线的前后比在加载结构的谐振点附近，随着波瓣宽度的增大而减小。所以在选择加载结构尺寸的时候，天线增益、HPBW 和前后比需要有折中的考虑。

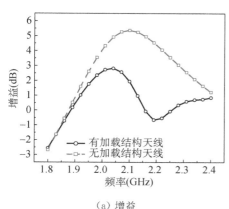

(a) 增益

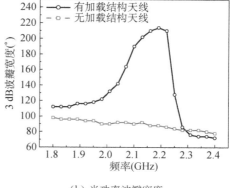

(b) 半功率波瓣宽度

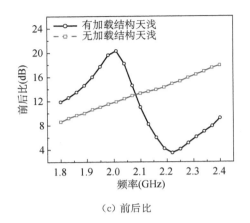

(c) 前后比

图 6-26 加载结构天线辐射特性

此外,对天线的轴比和轴比波瓣宽度特性进行研究。因为天线辐射部分结构对称,所以只需研究其中的一个面(本书选择 ZX 面)。如图 6-27 所示,加载结构对天线的轴向轴比并没有太大的影响,但是对轴比波瓣宽度却有一定的破坏,特别是在加载结构的谐振点附近。所以在设计加载结构时,应该使其谐振点不能正好在天线的工作中心频点上,而应该偏离一定的带宽,这样才能获得具有宽波束特性的低剖面圆极化微带天线。

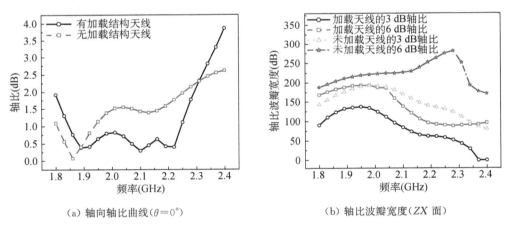

(a) 轴向轴比曲线($\theta=0°$)   (b) 轴比波瓣宽度(ZX 面)

图 6-27 加载天线的轴比特性

6.5.2 天线测试结果与讨论

如图 6-28(a)、(b)所示,制作加工了天线实物以验证分析。天线的优化尺寸与表 6-1 相同。图 6-28(c)给出了天线的仿真和测试反射系数曲线。天线在

1.9 GHz～2.2 GHz 的频段内匹配特性较好。图 6-29 给出了天线的仿真和测试增益曲线,吻合较好。测试结果略低于仿真结果主要是因为制作公差和测试误差。

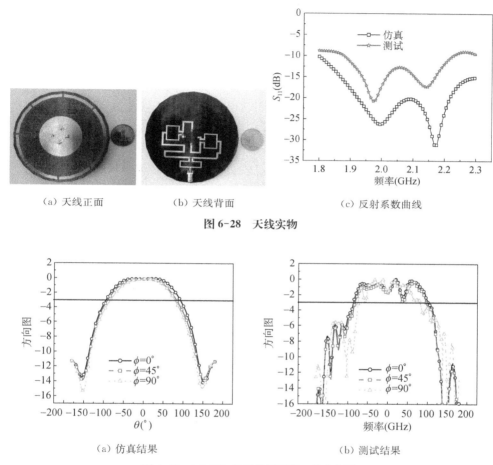

(a) 天线正面　　　　(b) 天线背面　　　　(c) 反射系数曲线

图 6-28　天线实物

(a) 仿真结果　　　　　　　　　　(b) 测试结果

图 6-29　2.1 GHz 的天线远场归一化方向图

图 6-29(a)给出了天线在 2.1 GHz 时 3 个平面($\phi=0°$, $\phi=45°$ 和 $\phi=90°$)的仿真方向图。$\phi=0°$ 面,$\phi=45°$ 面和 $\phi=90°$ 面的半功率波瓣宽度分别为 $-96°$～$+94°$,$-94°$～$+84°$ 和 $-86°$～$+80°$。3 个面的差异是由于馈电结构的非对称性导致的。图 6-29(b)给出了在 2.1 GHz 时的天线测试远场方向图。$\phi=0°$ 面,$\phi=45°$ 面和 $\phi=90°$ 面的半功率波瓣宽度分别为 $-87°$～$+100°$, $-84°$～$+96°$ 和 $-75°$～$+81°$。天线在 2.1 GHz 时的增益为 2.45 dB。测试结果存在波动主要是因为测试的误差带来的。另外需要强调的一点是,因为部分馈电微带线分布在地板的边沿,会引入一些泄露,降低微带线的传输特性,从而使理论和测试存在一定的偏差。

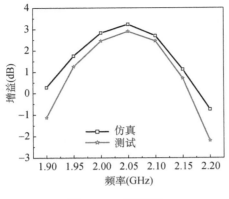

图 6-30　天线增益　　　　图 6-31　2.1 GHz 的天线测试轴比

最后图 6-31 给出了天线在 2.1 GHz 的轴比。对于 $\phi=0°$ 面,小于 4 dB 的轴比波瓣宽度为 $-98°\sim+103°$;对于 $\phi=90°$ 面,小于 4 dB 的轴比波瓣宽度为 $-108°\sim+104°$;同时小于 3 dB 的轴比波瓣宽度为 $-75°\sim+72°$。尽管由于天线的非对称馈电结构和测试误差给波瓣宽度带来了一些偏差,但天线在一个相对宽的波瓣范围内圆极化性能较好。实验结果验证了理论分析。

本章的几个新型天线加载的人工电磁结构均具有尺寸波长可比拟的特点,相比于使用亚波长人工电磁材料而言,单个结构单元就可以实现周期单元组合构成材料的效果,结构更为简单,且容易得到控制,在实际应用中更具有实用性。仿真与实验证明,采用等效媒质理论提取尺寸波长可比拟的人工电磁结构仍然具有定性分析的作用,为共面低成本低剖面的波束扫描天线和宽波束天线提供了简便的设计原则。

6.6　本章小结

在本章中我们首先分析了在尺寸波长可比拟条件下,谐振型人工电磁结构的电磁特性,讨论了人工电磁结构天线波束特性与人工电磁结构单元参数、加载方式之间的关系。然后基于谐振结构的理论分析,分别采用 CSRR 结构和"工"字型人工电磁结构单元加载来控制微带天线 H 面的波束指向,结果表明通过控制双加载 CSRR 结构和"工"字型结构的参数,天线可以实现宽角度的扫描范围,验证了共面加载人工电磁结构控制平面天线波束的可行性。

在此基础上,本书提出了一种通过加载微带谐振结构控制圆极化微带天线波瓣宽度的方法。八条微带弯折线对称地围绕在辐射贴片周围以控制天线方向图。加载的微带线就像天线的引向器。使用一个由 3 个威尔金森功分器组成的一分四网络用于天线馈电,提高了天线的圆极化性能。加工天线实物验证了理论分析。设计方法理论上可以设计出任意低剖面的圆极化宽波束天线,在卫星通信、导航定位、测距遥控和移动通信等系统中具有广泛的应用前景。

参考文献

[1] Mittra R, Yang R, Itoh. M, et al. Microstrip patch antennas for GPS application[C]. 1993 IEEE antenna and propagation society international symposium. vol.3, 1993:1478-1481.

[2] Toko America Inc. A miniature patch antenna for GPS application[J]. Microwave Journal, 1997:116-118.

[3] Nakano H, Shimada S, Yamauchi J, et al. A circularly polarized patch antenna enclosed by a folded conducting wall[C]. IEEE Conf. on Wireless Communication Technology, Honolulu, Hawaii, 2003:134-135.

[4] Foo S, Vassilakis B. Dielectric fortification for wide-beamwidth patch arrays[C]. 2008 IEEE antenna and propagation society international symposium, July, 2008:1-4.

[5] Su C W, Huang S K, Lee C H. CP microstrip antenna with wide beamwidth for GPS band application[J]. Electronics Letters, 2007, 43(20):1062-1063.

[6] Wuang T K, Huang J. Low-cost antennas for direct broadcast satellite radio[J]. Microw. Opt. Technol. Lett., 1994,10(7).

[7] Duan Z S, Qu S B, Wu Y. Wide bandwidth and broad beamwidth microstrip patch antenna [J]. Electronics Letters, 2009,45(5):249.

[8] Tang C L, Chiou J Y, Wong K L. Beamwidth enhancement of a circularly polarized microstrip antenna mounted on a three-dimensional ground structure[J]. Microw. Opt. Technol. Lett., 2002, 32(1):149-153.

[9] Wong T P, Luk K M. A wideband L-probe patch antenna array with wide beamwidth[J]. IEEE Trans. Antennas Propag., 2003,51(10):3012-3014.

[10] Lan X. A novel high performance GPS microstrip antenna[C]. 2000 IEEE antenna and propagation society international symposium, vol.2, 2000:988-991.

[11] Ohtera I. Diverging/focusing of electromagnetic waves by utilizing the curved leakywave structure: application to broad-beam antenna for radiating within specified wide-angle[J]. IEEE Trans. Antennas Propag., 1999,47(9):1470-1475.

[12] Popugaev A E, Wansch R, Urquijo S F. A novel high performance antenna for GNSS applications[C]. 2nd European Conference on Antennas and Propagation(EuCAP), 2007.

[13] Wang S Y, Zhu Q, Xu S. Design of a compact millimeter-wave microstrip antenna with bandwidth and broad beam-width[J]. Int. J. Infrared Millim Waves, 2007, 28(7): 513-519.

[14] Won C, Lee M, Li G P, et al. Reconfigurable beam scan single-arm spiral antenna with integrated with RF-MEMS switches[J]. IEEE Trans. Antennas Propag., 2006, 54(2): 455-463.

[15] Panagamuwa C J, Chauraya A, Vardaxoglou J C. Frequency and beam reconfigurable antenna using photo-conducting switches[J]. IEEE Trans. Antennas Propag., 2006, 54(2): 449-454.

[16] Kawakami H, Ohira T. Electrically steerable passive array radiator(ESPAR) antennas[J]. IEEE Antennas Propag. Mag., 2005, 47(2): 43-50.

[17] Han Q, Hanna B, Inagaki K, et al. Mutual impedance extraction and varactor calibration technique for ESPAR antenna characterization[J]. IEEE Trans. Antennas Propag., 2006, 54(12): 3713-3720.

[18] Chen S, Hirata A, Ohira T, et al. Fast beamforming of electronically steerable parasitic array radiator antennas: Theory and experiment[J]. IEEE Trans. Antennas Propag., 2004, 52(7): 1819-1832.

[19] Yusuf Y, Xun G. A low-cost patch antenna phased array with analog beam steering using mutual coupling and reactive loading[J]. IEEE Antennas Wireless Propag. Lett., 2008, 7: 81-84.

[20] Nair S V S, Ammann M J. Reconfigurable antenna with elevation and azimuth beam switching[J]. IEEE Antennas Wireless Propag. Lett., 2010, 9(1): 367-370.

[21] Caloz C, Itoh T, Electromagnetic Metamaterials, Transmission Line Theory and Microwave Applications[M]. Piscataway, John Wiley/IEEE Press, 2005.

[22] Caloz C, Itoh T, Rennings A. CRLH metamaterial leaky-wave and resonant antennas[J]. IEEE Antennas Propag. Magazine, 2008, 50(5): 25-39.

[23] Lim S, Cloz C, Itoh T. Electronically scanned composite right/left handed microstrip leaky-wave antenna[J]. IEEE Microwave and Wireless Components Lett., 2004, 14(6): 277-279.

[24] Lin X Q, Cui T J, Chin J Y, et al. Controlling electromagnetic waves using tunable gradient dielectric metamaterial lens[J]. Applied Physics Letters, 2008, 92(13): 131904-131904-3.

[25] Zhou H, Pei Z B, Qu S B, et al. A novel high-directivity microstrip patch antenna based on zero-index metamaterial[J]. IEEE Antennas Wireless Propag. Lett., 2009, 8(4): 538-541.

[26] Lo Y T, Lee S W. Antenna Handbook: Theory Applications and Design[M]. New York: Van Nostrand Reinhold, 1988.

[27] Baena J D, Bonache J, Martín F, et al. Equivalent circuit models for split ring resonators and complementary split rings resonators coupled to planar transmission lines[J]. IEEE Trans. Microw. Theory Tech., 2005, 53(4): 1451-1461.

[28] Falcone F, Lopetegi T, Baena J D, et al. Effective negative-epsilon stopband microstrip

lines based on complementary split ring resonators[J]. IEEE Microw. Wireless Compon. Lett., 2004,14(14):280-282.

[29] Gil M, Bonache J, Garcia J, et al. Composite right/left-handed metamaterial transmission lines based on complementary split-rings resonators and their applications to very wideband and compact filter design[J]. IEEE Trans. Microw. Theory Tech., 2007,55(6):1296-1303.

[30] Chen X, Grzegorczyk T M, Wu B I, et al. Robust method to retrieve the constitutive effective parameters of metamaterials[J]. Phys. Rev.E, 2004,70(2):016608-016608-7.

[31] Smith D R, Vier D C, Koschny T, et al. Electromagnetic parameter retrieval from inhomogeneous metamaterials[J]. Phys. Rev. E, 2005,71:036617-036617-11.

[32] Habib M A, Bostani A, Djaiz A, et al. Ultra wideband CPW-fed aperture antenna with WLAN band rejection[J]. Progress In Electromagnetics Research, 2010,106:17-31.

[33] Kim D O, Jo N I, Jang H A, et al. Design of the ultrawideband antenna with a quadruple-band rejection characteristics using a combination of the complementary split ring resonators[J]. Progress In Electromagnetics Research, 2011,112:93-107.

[34] Li C M, Ye L H. Improved dual band-notched UWB slot antenna with controllable notched bandwidths[J]. Progress in Electromagnetics Research, 2011,115:477-493.

[35] Montero-de-Paz J, Ugarte-Munoz E, Herraiz-Martinez F J. Multifrequency self-diplexed single patch antennas loaded with split ring resonators[J]. Progress In Electromagnetics Research, 2011,113:47-66.

第 7 章
基于人工电磁结构的波束扫描天线分析与设计

7.1 前言

凭借低剖面、紧凑结构、宽带和频率扫描特性,平面漏波天线目前在车载防撞雷达和卫星通信系统等场合获得了很多关注。传统的漏波天线,包括均一的和周期的传输线结构,只能实现前向扫描,所以扫描范围有限[1]。近年来,CRLH TL 人工电磁结构凭借其在左手区域的后向传播特性引起了学者们的兴趣[2]。随后基于各种技术的人工电磁结构漏波天线硕果累累[3-10]。人工电磁结构天线具有后向、边射和前向的连续辐射特性,其波束扫描范围远远超过传统的漏波天线。然而人工电磁结构漏波天线具有分布式电容和电感特性,随着频率的提高,特别是在毫米波和更高频率的太赫兹波段,天线的性能将大大降低。

在过去的十几年里,基片集成波导(SIW)和半模基片集成波导(HMSIW)因其在保持传统矩形波导优点的同时具有低剖面、低成本和易与平面电路集成的特性,成为很受欢迎的平面导波结构。特别地,这些导波结构可以用来有效地设计微波、毫米波甚至太赫兹频段的天线。很多文献采用多种方法分析和讨论了 SIW 和 HMSIW 漏波天线特性[11-13]。不少学者把精力集中在这个方向,尤其是 T. Itoh 教授和他的课题组提出了一组 CRLH TL 结构的 SIW 和 HMSIW 漏波天线。这些漏波天线不仅具有后向到前向的波束扫描特性,而且拥有极简单的实现形式。通过在上层金属表面或下层地表面刻蚀一些交趾槽结构就可以实现天线辐射特性[14]。后来基于 SIW 方案的 CRLH TL 漏波结构用于具有极化灵活性的天线应用中[15]。然而这些人工电磁结构天线要么分析起来复杂要么左右手频段的平衡性不易控制。天线结构的左右手频段对 CRLH TL 结构尺寸敏感,使得波束扫描范围的天线增益难有较好的一致性。特别是天线的边射方向图对 CRLH TL 结构漏波天线的平衡条件非常敏感,增益往往在平衡点附近降下来很多。文献[16]提出了一种 SIW 漏波天线具有 CRLH TL 特性,并且在平衡点频率处增益没有降低,使得天线在整个波束扫描范围增益一致性很好。但是该天线采用多层结构,实现起来不够简便。

第7章 基于人工电磁结构的波束扫描天线分析与设计

本章首先采用新颖的具有非线性移相特性的 CRLH TL 结构来增强漏波天线的扫描范围。SIW CRLH TL 被用作传输单元而不是辐射单元。事实上，在 T. Itoh 等提出 CRLH TL 的概念之后，有很多文献报道了许多新颖的具有非线性移相特性的微波器件和天线[17-22]。然而左右手频段的平衡对于 CRLH TL 的结构尺寸很敏感，使得通过调整 CRLH TL 的结构长度来获得任意相移非常困难。这种状况直到 X. Q. Lin 等提出一种新颖的紧凑型 CRLH TL 结构才得到改善[23-24]。基于文献[23]提出的半封闭式 SIW CRLH TL 结构，本书提出了一种修正结构，使得相位斜率达到了 90.2°/GHz，从而大大增强了天线波束扫描范围。与传统的 SIW 漏波天线相比，在不增加天线尺寸的前提下天线波束扫描能力提高了两倍且增益平坦性很好。这部分将在第 7.2 节详细讨论。

众所周知，FP 腔天线也是目前高增益天线的一种重要类型。FP 腔天线是具有两层部分反射表面的金属阵列结构，或者一层为金属阵列结构，另一层为地板结构。具有部分反射特性的金属周期结构被用作覆盖层能大大提高辐射源在轴向的方向性[25-26]。在这些结构中，电磁带隙结构（EBG）、人工磁导体（AMC）和左手材料被用来增强微波毫米波天线的性能[27-32]。特别是很多学者集中于利用各种结构的色散特性设计具有低剖面特性的紧凑型 FP 腔天线[33-37]。文献[35]采用 AMC 层取代 PEC 层作为地板，使得腔的厚度从 $\lambda/2$ 降到 $\lambda/4$。L. Zhou 在文献[36]中提出了通过采用基于人工电磁结构的谐振腔将 FP 腔天线的 $\lambda/2$ 限制降低到 $\lambda/4$ 甚至 $\lambda/10$。A. Ourir 和他的课题组也在该领域做了一些工作，他们使用由容性和感性栅格组成的二维复合人工电磁结构使得腔体的厚度进一步降到了 $\lambda/60$[37]。

另一方面，有文献报道了通过使用相位变化的人工电磁结构层实现具有电可重构特性的波束扫描 FP 腔天线[38-40]。事实上，可以通过调整谐振型部分反射表面层的容性和感性控制反射相位和波束指向，进而获得波束扫描特性。此外，变容二极管等元件也被集成到周期结构中来设计电扫描天线[41-43]。在文献[44]中，一款由容性和感性栅格组成的人工电磁结构层被用作部分反射表面。一维方向容性栅格的单元间隔均匀递增从而具有相位变化性能，使天线获得±20°扫描偏角。A. Ghasemi 等提出了一款基于感性变化且容性保持不变的二维金属反射面结构。该感性变化栅格结构实现了漏波天线的波束扫描特性[45]。然而该波束扫描 FP 腔漏波天线只是验证了理论，并没有实现真正的电扫性能。

此外，现在的 FP 腔天线一般使用单极子天线、偶极子天线、微带贴片天线和波导口径天线等基本辐射单元放在腔体内部或外部作为馈源，波束扫描特性大部分还是基于电控结构，既复杂又昂贵。

本书采用 SIW 频率扫描阵列天线而不是小天线作为波束扫描天线的馈源。与传统的 SIW 开槽阵列天线相比，通过采用弯折结构的方法使天线的波束扫描特性得到了增强。首先设计了一个具有 16 个 45°斜槽的 SIW 阵列天线,天线工作在中心频率为 25.45 GHz 的频率调制连续波车载防撞雷达系统中。通过加载相位调整栅格覆盖层提高了开槽阵列天线的增益。这里还设计了两款栅格覆盖层,在保证不破坏天线波束扫描特性的前提下提高了天线增益。A 类型为金属条带具有相等的间隙和渐变的宽度;B 类型为金属条带具有相等的宽度和渐变的间隙。这部分将在第 7.3 节给出。

7.2 基于 CRLH TL 的波束扫描范围和增益平坦度增强型的波束扫描天线阵列设计

7.2.1 开槽阵列天线的理论分析

图 7-1(a)给出了传统 SIW 纵向开槽阵列天线的正面图。天线一端为馈电输入端口,另一端则加载 50 Ω 匹配负载以保证天线的行波特性。图 7-1(b)给出了两个相邻单元的三维图和正面图。其中 l_{slot} 和 w_{slot} 分别为辐射槽单元的长度和宽度。天线中心工作频率主要取决于槽的尺寸大小。槽与中心线的距离 d_s 被用来抵消反射进而获得较好的阻抗匹配特性。输入端口选择为 $Z=50$ Ω,这是因为在测试的时候 SIW 与 50 Ω 微带线的转换要比非 50 Ω 的 SIW 更容易设计一些。

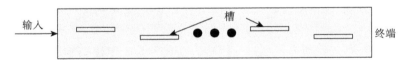

(a) 天线简图

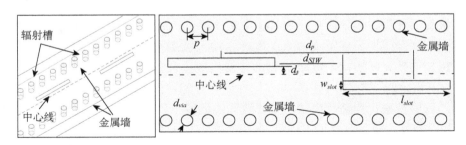

(b) SIW 开槽阵列天线相邻单元的三维和正面图

图 7-1 传统波导开槽阵列天线

根据文献[25-26],SIW 是由介质基片内打金属过孔线阵实现的。其中,金属过孔的尺寸需满足式(7-1):

第 7 章 基于人工电磁结构的波束扫描天线分析与设计

$$\frac{p}{\lambda_0} < \frac{1}{10}, \frac{d_{via}}{p} \geq \frac{1}{2} \tag{7-1}$$

其中,λ_0 是工作频率的空气波长,d_{via} 是过孔的直径,p 是两个过孔间的距离,在本设计中,$d_{via}=0.4$ mm,$p=0.8$ mm。采用这种过孔阵结构,SIW 结构在与其他单元集成时边沿耦合将大大降低。

对于每一个天线单元,信号从一端注入,部分能量通过开槽辐射到空气中。剩余的能量流动到下一个单元。在传统设计中,为了获得边射的方向图,天线阵列的单元间距应为一个波导波长以获得同相激励。整个天线的输入阻抗需要得到匹配且同时将功率均匀地分配到所有天线单元。我们知道,当在中心工作频率时,所有槽同相激励,将获得边射方向图。而当工作频率偏离中心频率时,任意相邻槽的相位将存在相位差,这样会带来波束扫描。公式(7-2)给出了天线波束和法向的夹角与相邻单元相位差之间的关系:

$$\Delta\theta = \arcsin\frac{\Delta\varphi}{\beta_0 d}, \Delta\varphi = \beta_{SIW} \cdot L \tag{7-2}$$

其中,β_0 是自由空间的传播常数,d 是任意两个相邻槽的物理距离,β_{SIW} 是 SIW 的传播常数,L 是连接任意两个相邻槽之间的 SIW 结构的物理距离。

根据公式(7-2),我们可以得到如下推论:

(1) 在一个固定的工作频段,可以通过减小 d 和增大 $\Delta\varphi$ 来增大天线的最大波束扫描角度。

(2) 减小 d 可以通过使用高介电常数的基板来设计 SIW。但是更高的介电常数会导致天线最大的波束扫描角受限,并且在使用 PCB 工艺实现微带和 SIW 集成时,结构会变得复杂。

(3) 对于传统 SIW 结构,β_{SIW} 是 SIW 结构 TE10 模的传播常数,当工作频率和板材一定时,β_{SIW} 是不变的。所以增加 L 是提高 $\Delta\varphi$ 进而增大波束扫描角度的唯一方法。线性相移的情况在文献[46]中已经研究过了。主要是保证在半空气波长间隔的前提下通过弯折结构来实现相移增强。因此波束扫描偏角得到增强是在增大天线尺寸的条件下实现的。

(4) 当引入非线性的传输结构比如 CRLH TL 时,β_{SIW} 则不是不变的而是频变的。通过精心设计,可以在不改变任意两个开槽的物理间距 L 和空间间隔 d 的前提下通过调整传播常数 β_{SIW} 来增强任意两个相邻开槽的相差 $\Delta\varphi$。

因为开槽之间的传输线决定了相邻槽间的相差,进而影响波束扫描偏角。人工电磁结构天线的主要工作是设计一种在一定频段范围内最优的传输线类型。结构单元的传输幅度和相位特性将在 7.2.2 节进行讨论。

7.2.2 传输线单元结构分析

基于 7.2.1 节的理论分析,为增强 SIW 天线的波束扫描范围,最重要的工作是设计具有非线性相移特性的传输线,比如 CRLH TL 就是一个很好的选择。尽管已经有将 CRLH TL 用于实现天线波束扫描的报道,但是大部分都是用作天线的辐射部分。在本设计中,CRLH TL 用作传输线而不是辐射单元,如图 7-2 所示。因此,本书设计的 CRLH TL 单元应该在固定的频率范围内(本书以车载防撞雷达的工作频段 24.25 GHz~26.65 GHz 为例),具有良好的传输特性,包括低插损和良好的反射特性。

SIW 槽无线单元	SIW RH TL	SIW 槽无线单元	SIW RH TL	...

(a) SIW RH TL 的传统类型

SIW 槽无线单元	SIW CRLH TL	SIW 槽无线单元	SIW CRLH TL	...

(b) SIW CRLH TL 的新类型

图 7-2 SIW 开槽阵列天线简图

图 7-3 所示为设计的 CRLH TL。CRLH TL 单元是由串联交趾电容和两个耦合枝节电感组成。其中枝节电感连接在两排金属过孔阵列上。金属过孔阵列可以看成是金属墙。传输线结构与文献[23-24]基本相同,修正之处在中心条带处,将 $L_s \times W_s$ 增加了一个额外的枝节 $W_s \times w_{stub}$(而不是槽间隙)。CRLH TL 印刷在厚度为 h_1,相对介电常数为 ε_r,$\tan \delta_1 = 0.018$ 的介质板上。参数 l_{cap},l_{stub},w_{stub} 和 W_p 分别表示交趾电容长度,短路枝节的长度和宽度以及连接组成金属过

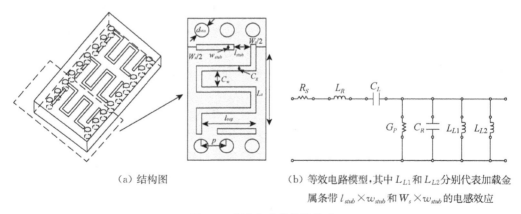

(a) 结构图

(b) 等效电路模型,其中 L_{L1} 和 L_{L2} 分别代表加载金属条带 $l_{stub} \times w_{stub}$ 和 $W_s \times w_{stub}$ 的电感效应

图 7-3 复合相移传输线单元

孔墙的金属条带的宽度。过孔的取值需满足公式(7-1)的条件。

我们讨论的单元类型可以分为 4 种类型，如图 7-4 所示：

(1) A 类型，传统的 SIW。

(2) B 类型，文献[14-15]提出来的交趾槽结构。此类型的结构单元具有 $L_s \times W_s$ 尺寸的中心条带与两排金属过孔阵列相连，而尺寸为 $l_{stub} \times w_{stub}$ 的短路枝节则不存在，代之以槽缝隙。

(3) C 类型，文献[23, 24, 49]提出的 CRLH TL 类型。此类型结构单元具有尺寸为 $l_{stub} \times w_{stub}$ 的短路枝节存在，而尺寸为 $L_s \times W_s$ 的中心条带则与两排金属过孔阵列不相连。

(4) D 类型，如图 7-3 所示的 CRLH TL 结构。具有尺寸为 $l_{stub} \times w_{stub}$ 和 $W_s \times w_{stub}$ 的短路枝节。

为了对这 4 种结构进行一个比较，我们将 4 种单元结构参数进行优化，使得其在固定的频率范围 24.25 GHz～26.65 GHz 内均为通带，图 7-5 给出了 4 种传输线单元的传输幅度和相位特性。从图 7-4 和图 7-5 可以得到如下结论：

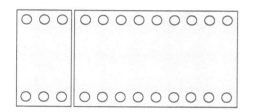

(a) 类型 A 的一个单元(左)和三个单元(右)

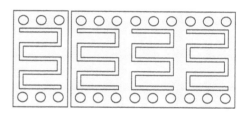

(b) 类型 B 的一个单元(左)和三个单元(右)

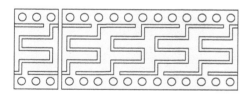

(c) 类型 C 的一个单元(左)和四个单元(右)

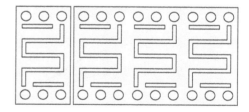

(d) 类型 D 的一个单元(左)和三个单元(右)

图 7-4 传输线的四种类型

(1) 为了使 4 种单元结构工作在相同的频段(包含 24.25 GHz～26.65 GHz)，4 种结构的优化尺寸并不完全相同。所以级联多个单元结构以获得几乎相同的尺寸。类型 A、B、D 使用 3 个单元，尺寸为 7.65 mm，类型 C 使用 4 个单元，尺寸为 7.6 mm。

表 7-1　　　　　　　　　　　　4 种传输线类型的参数

类型	长度(mm)	相位变化	相位斜率	有无幅度波动
A 类型(3 单元)	2.55×3	53.8°	22.42°/GHz	无
B 类型(3 单元)	2.55×3	93°	38.75°/GHz	明显
C 类型(4 单元)	1.7×4	119.2°	49.67°/GHz	无
D 类型(3 单元)	2.55×3	216.5°	90.2°/GHz	不明显

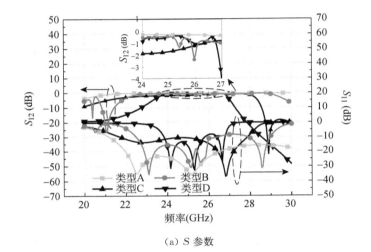

(a) S 参数

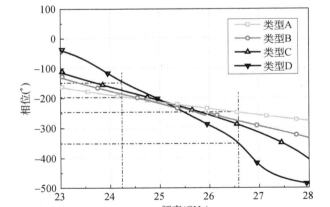

(b) 相位特性

图 7-5　4 种传输线单元类型

(2) 类型 A 可以视为一个高通滤波器,高于 TE10 模的频段为通带。尽管在通带内插损很小,但是相位斜率很小,仅为 22.42°/GHz,所以相位变化在工作频带非常有限。

(3) 类型 B 的工作原理在文献[14]中有讨论。尽管通带较宽,但是在工作频带范围内存在较大的波动,约为 2.5 dB。这主要是由传输线的非平衡状态引起的。传输线单元结构的左右手频段对 CRLH TL 结构尺寸敏感。当所需的相位变化或者工作频段发生变化时,需要重新设计 CRLH TL 结构。换言之,要像传统传输线一样,通过调整结构长度来获得任意相移将非常困难。

(4) 类型 C 是左右手工作频段具有良好平衡性的 CRLH TL 选择结构。中间不存在带隙。由文献[23]分析可知,短路线越长,L_L 越大,通带越宽。然而相位斜率仍然不够大,为 49.67°/GHz。

(5) 本书提出的类型 D 是类型 C 的修正结构。单元的等效电路结构如图 7-3(b)所示。左手部分包括串联交趾电容 C_L 和短路到过孔墙的枝节电感 L_L,而右手部分则是由交趾电容和枝节电感的寄生效应带来的并联电容 C_R 和串联电感 L_R,R_S 和 G_P 代表结构损耗。集总参数可以由 S 参数提取出来[50]。增加的短路条带降低了 L_L,为

$$L_L = 1/\left(\frac{1}{L_{L1}} + \frac{1}{L_{L2}}\right) \tag{7-3}$$

使得通带减少。然而相位斜率却大大地增强,提高到 90.2°/GHz,是拓展天线波束扫描范围的理想选择。

4 种结构类型在表 7-1 中做了比较,基于上述讨论,设计了两款 SIW 漏波天线。第 7.2.3 节将对中心频率为 25.45 GHz、工作频段为 2.4 GHz 的传统 SIW 漏波天线和 SIW CRLH TL 漏波天线进行讨论。

7.2.3 基片集成波导复合左右手传输线开槽阵列天线

为验证前文的理论分析,本部分研究设计了两款开槽阵列天线。如图 7-6 所示为 12 单元的 SIW CRLH TL 开槽阵列天线的简图。相比于 12 单元的传统 SIW 开槽阵列天线,该天线的辐射部分相同,但是采用了 CRLH TL 取代 RH TL,如图 7-2 所示。两种传输线单元结构分别在图 7-4(a)和图 7-4(d)给出。所有结构印刷在介电常数为 $\varepsilon_r = 2.2$,$\tan\delta_1 = 0.001$,厚度为 $h = 0.508$ mm 的介质板上。因为辐射部分和传输线部分具有几乎相同的长度,所以两款天线的物理尺寸几乎一样。天线设计基于 HFSS 的全波仿真软件。阵列设计步骤可以分为以下几步:

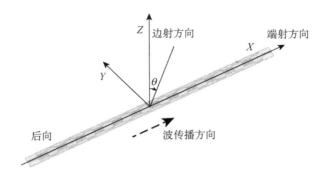

图 7-6　基片集成波导复合左右手传输线开槽阵列天线的整体结构图

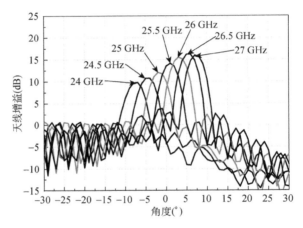

（a）传统基片集成波导阵列天线

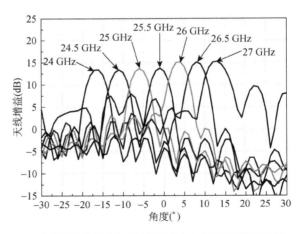

（b）本书设计的基片集成波导复合左右手传输线阵列天线

图 7-7　两种天线的 24 GHz～27 GHz、步进为 0.5 GHz 的仿真的变化方向图

首先,重要的一步是基于第 7.2.2 节的方法设计天线的传输线部分。具有良好的通带特性以及较大的相移斜率特性是结构优化的目标。

然后,将传输部分和辐射部分联合仿真。因为传输部分在上一步已经定了,所以主要通过调整开槽的尺寸和槽与中心线的距离 d_s 来获得较好的匹配特性。此外,天线阵列越大,单元数越多,匹配特性越好。

最后,将输入端口阻抗匹配和输出端口电阻加载也考虑到设计过程中去。主要是通过在漏波天线的两端加载渐变微带线来实现[51]。50 Ω 的电阻加载在输出端口,用作外部电路匹配网络。如图 7-6 所示为 SIW CRLH TL 漏波天线的整体结构。

图 7-7 给出了两种天线 24 GHz～27 GHz、步进为 0.5 GHz 的仿真变化方向图。对 24.25 GHz 和 26.65 GHz 的方向图也进行了仿真,为简单起见在图中并未给出。可以看出波束扫描范围从传统天线的 −6°～+6° 提高到了所设计天线的 −14°～+12°。传统天线的增益变化为 6 dB,而本书设计的天线增益变化小于 2 dB,在工作频段具有更小的增益波动,从而验证了前文的分析。

7.2.4 天线测试结果与讨论

如图 7-8 所示,加工制作了天线实物。天线优化尺寸如表 7-2 所示。

图 7-8 基片集成波导复合左右手传输线天线实物图

表 7-2　　　　　　　　天线参数(单位:mm)

d_s	d	w_{slot}	l_{slot}	p	d_{via}	h_1
0	12.15	0.2	4.6	0.8	0.4	0.508
l_{stub}	w_{stub}	C_w	l_{cap}	L_s	W_s	C_g
0.6	0.1	0.7	1.7	3.3	0.4	0.1

本章提出的 SIW CRLH TL 开槽阵列天线具有 12 个完全一样的结构单元,包括 SIW CRLH TL 部分和开槽辐射部分。首先使用 Agilent N5230A 矢量网络分析仪测量天线的 S 参数。图 7-9 给出了天线的仿真和测试 S 参数,可以看出结果吻合较好。测试的 −10 dB 反射系数带宽为 23.95 GHz～27.725 GHz,覆盖

了车载防撞雷达的整个工作频段。最大反射系数为 -13.6 dB,可以看出天线匹配较好。仿真与测试的略微偏差主要是因为制作公差和 SMA 连接器带来的损耗。插损接近 10 dB,可以看出天线辐射性能较好。

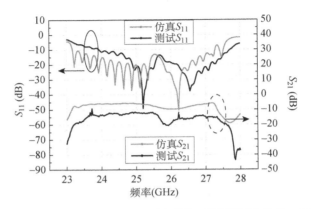

图 7-9　基片集成波导复合左右手传输线天线的测试和仿真 S 参数

图 7-10 给出了在暗室测试的天线 24 GHz~27 GHz、步进为 0.5 GHz 的测试变化方向图。实验验证了天线具有频扫特性。相比于图 7-7(b)的仿真方向图,在整个波束扫描范围天线增益大概降低了 1.5 dB,这主要是由 SMA 接头和金属损耗带来的。然而,修正结构实现了天线增益的平坦性,并且相比于传统的天线,在不增加天线尺寸的条件下,天线的波束扫描角增大了两倍。因此,天线测试结果验证了理论分析和仿真结果。

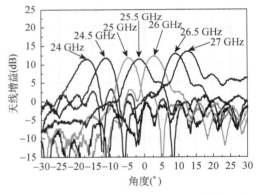

图 7-10　基片集成波导复合左右手传输线天线的测试远场方向图

7.3　基于相位调整栅格覆盖层加载的增益提高型波束扫描天线阵列设计

7.3.1　基片集成波导开槽阵列天线馈电结构

SIW 类的导波结构,包括 SIW、HMSIW、基片集成镜像介质波导、基片集成同轴线等在过去十几年里凭借其在微波毫米波频段的低剖面、低成本以及易与平面电路集成的优点得到了广泛的应用[11-13, 52]。与传统基本辐射单元不同，本章引入了波束扫描特性增强型的 SIW 开槽阵列天线作为天线的馈电结构。

天线馈电结构如图 7-11 所示。本书设计了一个具有 16 个槽单元，中心频率为 25.45 GHz，应用于频率调制连续波车载防撞雷达系统中的 SIW 阵列天线。

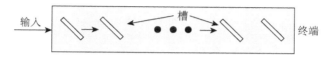

(a) 传统波导开槽阵列天线正面简图

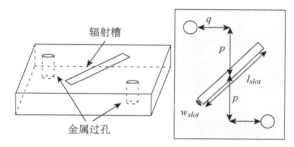

(b) SIW 开槽阵列天线单元的三维图和正面图，其中 p 和 q 是金属探针的位置，l_{slot} 和 w_{slot} 分别表示开槽的长度和宽度

图 7-11 波导开槽阵列天线

图 7-11(a)给出了传统 SIW 开槽阵列天线的正面图。天线一端为馈电输入端口，另一端则为短路负载以保证天线的行波特性。所有槽均为 45°斜放，可以用于后期的双线极化和圆极化的应用场合。图 7-11(b)给出了单元结构的三维图和正面图。两个金属过孔用来调整反射系数以获得较好的匹配特性。整个天线的阻抗匹配特性主要取决于开槽的位置和尺寸。文献[46]给出了 SIW 开槽阵列天线的等效电路和相位角度的频率响应，为简单起见，本书不做介绍。

天线波束与法向的夹角及相邻单元相位差之间的关系为式(7-2)：$\Delta\theta = \arcsin^{-1}(\Delta\varphi/\beta_0 d)$，$\Delta\varphi = \beta_{SIW} L$，其中 β_0 是自由空间的传播常数，d 是任意两个相邻槽的物理距离，β_{SIW} 是 SIW 的传播常数，L 是连接任意两个相邻槽之间的 SIW 的物理距离。

对于传统的 SIW 结构，β_{SIW} 是 SIW 结构 TE10 模的传播常数，当工作频率和板材一定的时候，β_{SIW} 是不变的。所以增加 L 是提高 $\Delta\varphi$ 进而增大波束扫描角度的唯一方法。在文献[46]中已经研究了在保证半空气波长间隔的前提下通过弯折结构来实现相移增强。在设计中，信号通过一个开槽与通过其相邻槽的方向是相反的。取值时应该满足 $\Delta\varphi = n \times 180°$，$n$ 为非负奇整数，以保证在中心工作频率方向图为边射。n 越大，则最大波束扫描偏角越大。但是天线的整体尺寸将变大。这里我们取 $\Delta\varphi=540°(n=3)$ 来验证分析。如图 7-12(a) 所示为具有弯折结构的 SIW 开槽阵列天线的正面图。如图 7-12(b) 所示为 16 元馈电阵列天线在中心工作频率 25.45 GHz 的电场分布。可以看出 3 个半波长对应了 3 个电流强分布中心,从而验证了 $n=3$。随着信号传输到后面的开槽单元中,场强变得越来越弱。这是因为大部分能量在前面的开槽单元中已经辐射出去了。所以当天线单元数已经很大时,再通过增加单元数来提高天线增益的效果很有限。

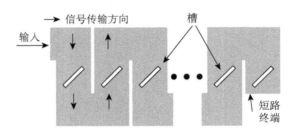

(a) 天线正面图

(b) 馈电阵列天线在中心工作频率25.45 GHz时的电流分布

图 7-12　具有弯折结构的 SIW 开槽阵列天线

7.3.2　金属栅格设计

通常 FP 腔天线可以用光学模型进行分析。在给定工作波长 λ_0(λ_0 为腔体是空气时的自由空间波长)时,要使 FP 腔天线在轴向获得最大辐射方向性需满足如下条件[25-26]:

$$D_{max}=\frac{1+|Re^{j\varphi_{prs}}|}{1-|Re^{j\varphi_{prs}}|} \quad (7-4)$$

其中,$Re^{j\varphi_{prs}}$ 是部分反射表面的复数反射系数。FP 腔的厚度由下式决定:

$$-\pi+\varphi_{prs}-4\pi h/\lambda_0=2N\pi, N=0,\pm1,\pm2,\cdots \quad (7-5)$$

其中,$-\pi$ 是地板的反射相位,φ_{prs} 是部分反射表面的反射相位,通常周期金属表面或网状阵列的反射相位为 $-\pi$,所以腔体的最小厚度为 $\lambda_0/2$。

天线采用开槽阵列天线而不是基本辐射单元作为馈电部分。光学模型可以作为设计的初始原则,但是优化此类天线模型,仅用光学模型其准确度有限。我们采用基于有限元法的全波仿真软件 HFSS 进行设计以验证分析。

因为天线馈电部分在一维(E 面)具有波束扫描功能。我们设计一维渐变结构来增强天线在另一维的辐射特性(H 面),同时并不破坏天线在波束扫描那一维(E 面)的扫描特性。金属栅格覆盖层的金属条带与天线 E 面平行放置,起到了感性栅格的作用。方向图的控制是通过保证其他参数不变而改变平行于天线 H 面(y 方向)的金属栅格的条带间距 g 或者条带宽度 w 来获得的。图 7-13 所示为两种天线类型结构图。

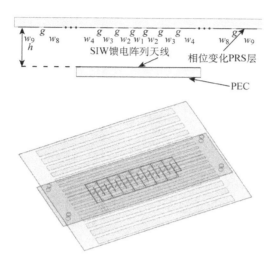

(a) A 类型,金属条带具有等间距和渐变宽度

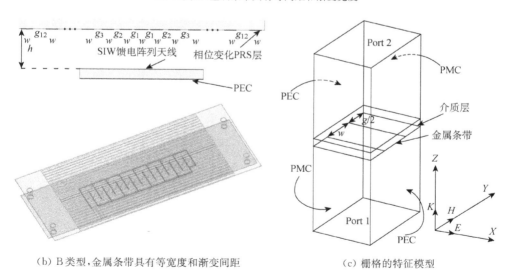

(b) B 类型,金属条带具有等宽度和渐变间距　　(c) 栅格的特征模型

图 7-13　由 SIW 阵列天线和相位变化金属栅格组成的天线结构图

因为结构的周期性，我们对一个单元进行分析可以获得整个金属栅格的特性。采用如图 7-13(c) 所示的波导模型获取结构的传输特性。理想电导体和理想磁导体分别设置在 x 方向和 y 方向构成一个波导模型。为简单起见，只考虑法向入射波的情况，电场极化方向为 x 方向。HFSS 全波仿真软件用来仿真金属栅格。

因为天线的馈电阵列部分在尺寸上比栅格覆盖层要小（地板面积也小），可以将栅格覆盖层视为相位调整层。因此我们考虑研究栅格覆盖层的传输特性而不是像 FP 腔天线那样考虑部分反射表面的反射特性。如图 7-14 所示，通过对不同尺寸下单个单元的特性进行仿真来获得栅格的传输特性。仿真频段为 15 GHz～35 GHz。条带间隙 g 和条带宽度 w 不同，栅格的传输特性也不同。从图 7-14 可以得到如下结论：

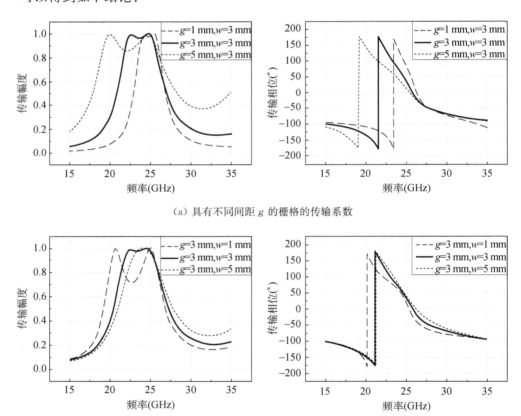

(a) 具有不同间距 g 的栅格的传输系数

(b) 具有不同条带宽度 w 的栅格的传输系数

图 7-14 栅格单元的传输系数

（1）条带间隙 g 和条带宽度 w 均可以用来调整栅格单元传输系数的幅度和

相位特性。可以看出 g 和 w 的变化会带来谐振频率的移动。

（2）当单元的通带展宽时，传输幅度将会出现凹点。通带越宽，凹陷的程度越大。

（3）随着条带间隙 g 的增加或者条带宽度 w 的减小，谐振频率将会向低频移动。在固定频点处，条带间隙 g 减小或者条带宽度 w 变宽，栅格的相位将增大。传输系数的相位特性对于控制天线的波束方向至关重要。

优化的设计需具备两个条件：第一，幅度具有良好的通带特性，没有或者只有较小的凹陷出现；第二，相位特性适合波束扫描功能的实现，不仅能够保证具有边射方向图的固定频点的 $0°$ 相移，而且能获得良好的频扫特性和增益提高特性。

7.3.3 天线参数分析

上文给出的单元分析模型有助于我们理解渐变参数对传输系数的影响，但是我们仍然需要对天线的整个结构进行参数分析。本节将对天线进行参数分析。图 7-13 给出了不同加载类型的天线结构图。天线的波束扫描偏角和各个波束的最大增益是我们最为关心的两个特性。因为栅格覆盖层在结构上并不复杂，所以不难进行参数分析。两种栅格类型（A 类型和 B 类型）被引入作为天线的覆盖层，而天线的馈电部分相同。

7.3.3.1 A 类型加载天线

对于 A 类型加载天线，金属条带具有等间隔和不等条带宽度，条带宽度满足：

$$w_n = w_1 + (n-1) \cdot dw \tag{7-6}$$

空气层的厚度 h 和条带渐变宽度 dw 作为优化的参数。两个优化过程中保持初始的条带宽度 w_1 为 0.45 mm 不变。如图 7-15 所示，空气层的厚度 h 和条带渐变宽度 dw 对波束扫描范围影响不大，均保持为 $\pm 25°$。这是因为在波束扫描那一维（也就是 E 面）加载结构的参数是保持为常数而没有变化的。另一方面，空气层的厚度对各个扫描波束的最大增益影响很大。图 7-15(b) 给出了增益与频率的关系曲线。以固定的中心频率（25.45 GHz）作为参考，两边频段（包括低频和高频）的增益随着空气层厚度的增加而增加。随着厚度的增加，增益曲线在中心处会出现一个凹陷。为了使天线整个工作频段内所有的扫描波束的最高增益都增加，存在最优的空气层厚度 h。本设计中取 $h = 5.65$ mm。由图 7-15(d) 所示，不同的条带渐变宽度 dw 对增益的影响有限。条带渐变宽度 dw 越大，中心频率的增益越大而两边频段的增益越小。所以中心工作频率的最大增益和整个工作频段的最大增益存在折中的选择。

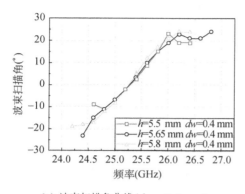
(a) 波束扫描角曲线（$dw=0.4$ mm）

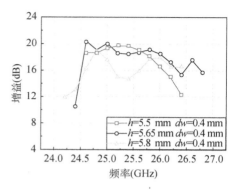
(b) 每条扫描波束的最大增益曲线（$dw=0.4$ mm）

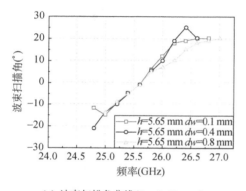
(c) 波束扫描角曲线（$h=5.65$ mm）

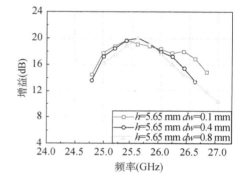
(d) 每条扫描波束的最大增益曲线（$h=5.65$ mm）

图 7-15 具有不同空气层厚度 h 和渐变条带宽度 dw 的 A 类型天线的仿真特性

7.3.3.2 B 类型加载天线

对于 B 类型加载天线，金属条带具有等条带宽度和不等空间间隔，间隔满足：

$$g_n = g_1 + (n-1) \cdot dg \tag{7-7}$$

空气层的厚度 h 和空间渐变间隔 dg 作为优化的参数。两个优化过程中保持初始的空间间隔 g_1 为 1.2 mm 不变，如图 7-16 所示。从图中可以得到类似 A 类型天线的结论。因为在波束扫描那一维（也就是 E 面）加载结构的参数保持为常数没有变化，所以结构参数对波束扫描范围影响不大。最大增益曲线主要取决于空气层的厚度。图 7-16(b) 给出了增益与频率的关系曲线。存在一个最优的空气层厚度 h（在本设计中取 $h=6.7$ mm），随着厚度的增加，增益曲线在中心处会出现一个凹陷。如图 7-16(d) 所示，空间渐变间隔 dg 越小，增益越大。考虑到工艺水平的限制，我们取 $dg=0.1$ mm。

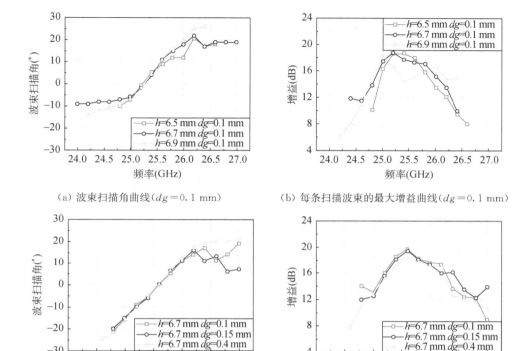

(a) 波束扫描角曲线($dg=0.1$ mm)　　(b) 每条扫描波束的最大增益曲线($dg=0.1$ mm)

(c) 波束扫描角曲线($h=6.7$ mm)　　(d) 每条扫描波束的最大增益曲线($h=6.7$ mm)

图 7-16　具有不同空气层厚度 h 和渐变间隙 dg 的 B 类型天线的仿真特性

此外考虑了另外两种情况,即对等间距等条带宽度的情况和相反渐变结构的情况都做了比较。结果表明,本设计采用的从中间向两边渐变递增的类型效果最好。为简单起见,详细的结果不在本书给出。表 7-3 给出了加载和未加载天线的三维远场方向图作为比较。如前文分析,栅格覆盖层增强了 H 面的方向性而保持了 E 面的波束扫描特性。

表 7-3　　　　　　　　　　天线辐射方向图

	24.8 GHz	25.4 GHz	26 GHz
无覆盖层			

(续表)

	24.8 GHz	25.4 GHz	26 GHz
加 A 类型覆盖层			
加 B 类型覆盖层			

表 7-4 天线参数 （单位：mm）

p	q	l_{slot}	w_{slot}	r_{via}	a	h_{typeA}
2.9	1.7	3.8	0.6	0.4	5.2	5.65
w_1	dw	g	g_1	dg	w	h_{typeB}
0.45	0.4	3.4	1.2	0.1	2.0	6.7

7.3.4 天线测试结果与讨论

我们加工制作了两个天线以验证分析。如图 7-17 所示为天线的实物图。相位调整栅格层和 SIW 开槽馈电阵列天线均印刷在介电常数为 $\varepsilon_r = 2.2$，$\tan\delta_1 = 0.001$，厚度为 $h = 0.508$ mm 的介质板上。表 7-4 给出了天线的优化参数。本节后文将对天线的性能进行分析和讨论。

图 7-17 基于相位调整栅格覆盖层加载的增益提高型波束扫描天线实物图

7.3.4.1 馈电阵列天线

如图 7-18 所示为馈电阵列天线的仿真和测试反射系数。测试和仿真结果吻合较好。测试的 -10 dB 阻抗带宽约为 10%，覆盖了 24.25 GHz～26.65 GHz 的工作频段。我们在微波暗室测试天线的远场方向图。图 7-19 给出了仿真和测试的远场 E 面方向图，从图中可以看出波束扫描范围约为 $\pm 30°$，且吻合较好。在工作频段范围内，仿真的最高增益为 11.1～14.4 dB，而测试的结果为 9.4～13.1 dB。损耗主要来源于 SMA 接头和测试误差。

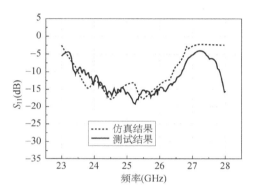

图 7-18 馈电阵列天线仿真和测试反射系数　　图 7-19 馈电阵列天线仿真（虚线）和测试（实线）方向图

7.3.4.2 A 类型栅格加载天线

图 7-20 给出了 A 类型栅格加载天线的反射系数。相比于仿真结果，测试曲线具有略微的频率偏移，主要是由制作公差引入的，但是满足了工作频段的要求。由图 7-21 可知，相比于未加载天线，扫描波束的最高增益增加了约 5～6 dB。另一方面，波束扫描范围减少了一些，降为 $\pm 25°$，验证了第 7.3.3 节的分析。

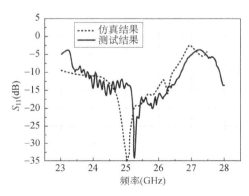
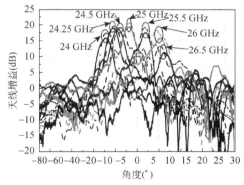

图 7-20 A 类型栅格天线的反射系数　　图 7-21 加载 A 类型栅格天线的仿真（虚线）和测试（实线）方向图

7.3.4.3 B 类型栅格加载天线

从图 7-22 和图 7-23 可以知道，B 类型栅格加载天线的仿真和测试反射系数吻合较好。相比于未加载天线，扫描波束的最高增益增加了约 4~5 dB，而波束扫描范围约降为±25°。扫描波束的最大增益的测试结果相比于仿真结果约低了 1.5 dB，这主要是由测试误差和制作公差带来的。

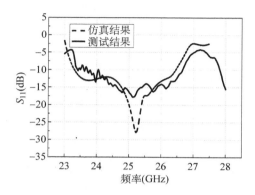

图 7-22 加载 B 类型栅格天线的反射系数

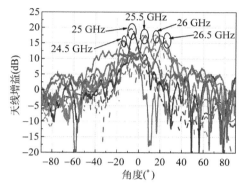

图 7-23 加载 B 类型栅格天线的仿真（虚线）和测试（实线）方向

实验结果验证了方案的可行性。可以预见，采用更长的弯折馈电结构和更多的栅格覆盖层将会获得更大的波束扫描范围和更高的增益特性。

7.4 本章小结

本章对人工电磁结构的波束扫描天线进行了深入研究。首先采用新颖的具有非线性移相特性的 CRLH TL 结构来增强开槽阵列天线的波束扫描范围。采用修正的 SIW CRLH TL 用作天线传输单元而不是辐射单元，相位斜率达到了 90.2°/GHz，从而大大增强了天线波束扫描范围。与传统的 SIW 开槽阵列天线相比，在不增加天线尺寸的前提下天线波束扫描能力提高了两倍且增益平坦性很好。然后以 SIW 频率扫描阵列天线作为波束扫描天线的馈源，通过加载相位调整栅格覆盖层提高了一维波束扫描阵列天线的增益。设计了两款栅格覆盖层，在保证不破坏天线波束扫描特性的前提下提高了天线增益，通过分析栅格单元的特征模型来理解天线工作原理，研究了栅格覆盖层参数对两款天线的波束扫描偏角和增益的影响，给出了天线设计准则。几款天线设计简单、制作成本低、均满足了频率调制连续波车载防撞雷达系统的指标要求，且在卫星通信系统等场合具有潜在的应用价值。

参考文献

[1] Qian Y, Chang B C C, Itoh T, et al. High efficiency and broadband excitation of leaky mode in microstrip structures[C]. IEEE MTT-S Int. Microwave Symp. Dig., 1999: 1419-1422.

[2] Caloz C, Itoh T. Electromagnetic Metamaterials: Transmission Line Theory and Microwave Applications[M]. New York: Wiley, 2005.

[3] Kokkinos T, Sarris C D, Eleftheriades G V. Periodic FDTD analysis of leaky-wave structures and applications to the analysis of negative-refractive-index leaky-wave antennas[J]. IEEE Trans. Microw. Theory Tech., 2006,54(4):1619-1630.

[4] Goto R, Hiroyuki H, Tsuji M. Composite right/left-handed transmission lines based on conductor-backed coplanar strips for antenna application[C]. Proc. 36th Eur. Microw. Conf., U.K., 2006:1040-1043.

[5] Weitsch Y, Eibert T. A left-handed/right-handed leaky-wave antenna derived from slotted rectangular hollow waveguide[C]. Eur. Microw. Conf., Munich, Germany, 2007: 917-920.

[6] Paulotto S, Baccarelli P, Frezza F, et al. Full-wave modal dispersion analysis and broadside optimization for a class of microstrip CRLH leaky-wave antennas[J]. IEEE Trans. Microw. Theory Tech., 2008,56(12):2826-2837.

[7] Ueda T, Michishita N, Akiyama M, et al. Dielectric-resonator-based composite right/left-handed transmission lines and their application to leaky wave antenna[J]. IEEE Trans. Microw. Theory Tech., 2008,56(10):2259-2268.

[8] Ikeda T, Sakakibara K, Matsui T, et al. Beam-scanning performance of leaky-wave slot-array antenna on variable stub-loaded left-handed waveguide[J]. IEEE Trans. Antennas Propag., 2008,156(12):3611-3618.

[9] Kodera T, Caloz C. Uniform ferrite-loaded open waveguide structure with CRLH response and its application to a novel backfire-to-endfire leaky-wave antenna[J]. IEEE Trans. Microw. Theory Tech., 2009,57(4):784-795.

[10] Dong Y, Itoh T. Composite right/left-handed substrate integrated waveguide and half mode substrate integrated waveguide leaky-wave structures[J]. IEEE Trans. Antennas Propag., 2011,59(3):767-775.

[11] Deslandes D, Wu K. Substrate integrated waveguide leaky-wave antenna: Concept and design considerations[C]. Asia-Pacific Microw.Conf.,Suzhou, China, 2005:346-349.

[12] Xu J, Hong W, Tang H, et al. Half-mode substrate integrated waveguide leaky-wave antenna for millimeter-wave applications[J]. IEEE Antennas Wireless Propag. Lett., 2008,7:85-88.

[13] Lai Q H, Hong W, Kuai Z Q, et al. Half-mode substrate integrated waveguide transverse

slot array antennas[J]. IEEE Trans. Antennas Propag., 2009,57(4):1064-1072.

[14] Dong Y, Itoh T. Composite right/left-handed substrate integrated waveguide and half mode substrate integrated waveguide leaky-wave structures[J]. IEEE Trans. Antennas Propag., 2011,59(3):767-775.

[15] Dong Y, Itoh T. Substrate integrated composite right-/left-handed leaky-wave structure for polarization-flexible antenna application[J]. IEEE Trans. Antennas Propag., 2012,60(2):760-771.

[16] Nasimuddin, Chen Z N, Qing X. Multilayered composite right/left-handed leaky-wave antenna with consistent gain [J]. IEEE Trans. Antennas Propag., 2012, 60 (11): 5056-5062.

[17] Zhu Q, Zhang Z X, Xu S J. Millimeter wave microstrip array design with CRLH-TL as feeding line[C]. IEEE AP-S Int. Symp., 2004:3413-3416.

[18] Lai A, Caloz C, Itoh T. Composite right/left-handed transmission line metamaterials[J]. IEEE Microw. Mag., 2004,5(3):34-50.

[19] Kim H, Kozyrev A B, Karbassi A, et al. Linear tunable phase shifter using a left-handed transmission line[J]. IEEE Microw. Wireless Compon. Lett., 2005,15(5):366-368.

[20] Mao S G, Chueh Y Z. Broadband composite right/left-handed coplanar waveguide power splitters with arbitrary phase responses and balun and antenna applications[J]. IEEE Trans. Antennas Propag., 2006,54(1):234-250.

[21] Lin X Q, Liu R P, Yang X M, et al. Arbitrarily dual-band components using simplified structures of conventional CRLH-TLs[J]. IEEE Trans. Microw. Theory Tech., 2006,54(7):2902-2909.

[22] Gil M, Bonache J, Garcia-Garcia J, et al. Composite right/left handed (CRLH) metamaterial transmission lines based on complementary split rings resonators(CSRRs) and their applications to very wide band and compact filter design[J]. IEEE Trans. Microw. Theory Tech., 2007,55:1296-1304.

[23] Lin X Q, Ma H F, Bao D, et al. Design and analysis of super-wide bandpass filters using a novel compact meta-structure[J]. IEEE Trans. Microw. Theory Tech., 2007,55(4): 747-753.

[24] Lin X Q, Bao D, Ma H F, et al. Novel composite phase-shifting transmission-line and its application in the design of antenna array[J]. IEEE Trans. Antennas Propag., 2010,58(2):375-380.

[25] Trentini G V. Partially reflecting sheet arrays[J]. IRE Trans. Antennas Propag., 1956,4(4):666-671.

[26] Feresidis A P, Vardaxoglou J C. High gain planar antenna using optimized partially reflective surfaces[J]. Microw. Antennas Propag., 2001,148(6):345-350.

[27] Weily A R, Esselle K P, Sanders B C, et al. High-gain 1D EBG resonator antenna[J]. Microw. Opt. Technol. Lett., 2005,47(2):107-114.

[28] Diblanc M, Rodes E, Arnaud E, et al. Circularly polarized metallic EBG antenna[J]. IEEE Microw. Wireless Compon. Lett., 2005,15(10):1-3.

[29] Lee Y, Yeo J, Mittra R, et al. Application of electromagnetic bandgap(EBG) superstrates with controllable defects for a class of patch antennas with spatial angular filters[J]. IEEE Trans. Antennas Propag., 2005,53(1):224-235.

[30] Weily A R, Horvath L, Esselle K P, et al. A planar resonator antenna based on a woodpile EBG material[J]. IEEE Trans. Antennas Propag., 2005,53(1):216-223.

[31] Guerin N, Enoch S, Tayeb G, et al. A metallic Fabry Perot directive antenna[J]. IEEE Trans. Antennas Propag., 2006,54(1):220-224.

[32] Ge Y, Esselle K P. A resonant cavity antenna based on an optimized thin superstrate[J]. Microw. Opt. Technol. Lett., 2008,50(12):3057-3059.

[33] Ourir A, de Lustrac A, Lourtioz J M. Optimization of metamaterial based subwavelength cavities for ultracompact directive antennas[J]. Microw. Opt. Technol. Lett., 2006,48(12):2573-2577.

[34] Sun Y, Chen Z N, Zhang Y, et al. Subwavelength substrate-integrated Fabry-Pérot cavity antennas using artificial magnetic conductor[J]. IEEE Trans. Antennas Propag., 2012,60(1):30-35.

[35] Feresidis A P, Goussetis G, Wang S, et al. Artificial magnetic conductor surfaces and their application to low-profile high gain planar antennas[J]. IEEE Trans. Antennas Propag., 2005,53(1):209-215.

[36] Zhou L, Li H, Qin Y, et al. Directive emissions from subwavelength metamaterial-based cavities[J]. 2005 IEEE International Workshop on Antenna Technology: Small Antennas and Novel Metamaterial, 2005:191-194.

[37] Ourir A, de Lustrac A, Lourtioz J M. All-metamaterial-based subwavelength cavities for ultrathin directive antennas[J]. Appl. Phys. Lett., 2006,88:084103-084103-3.

[38] Ourir A, Burokur S N, de Lustrac A. Electronically reconfigurable metamaterial for compact directive cavity antennas[J]. Electron. Lett., 2007,43(13):698-700.

[39] Weily A R, Bird T S, Guo Y J. A reconfigurable high-gain partially reflecting surface antenna[J]. IEEE Trans. Antennas Propag., 2008,56(11):3382-3390.

[40] Burokur S N, Daniel J P, Ratajczak P, et al. Tunable bilayered metasurface for frequency reconfigurable directive emissions[J]. Appl. Phys. Lett., 2010,97(6):064101-064101-3.

[41] Ourir A, Burokur S N, de Lustrac A. Electronic beam steering of an active metamaterial-based directive subwavelength cavity[C]. 2nd Eur. Conf. Antennas Propag., 2007:1-4.

[42] Ourir A, Burokur S N, Yahiaoui R, et al. Directive metamaterial-based subwavelength resonant cavity antennas-applications for beam steering[J]. Comptes Rendus Phys., 2009,10(5):414-422.

[43] Guzman-Quiros R, Gomez-Tornero J L, Weily A R, et al. Electronic full-space scanning with 1-D Fabry-Pérot LWA using electromagnetic band-gap[J]. IEEE Antennas Wireless

Propag. Lett., 2012,11:1426-1429.

[44] Ourir A, Burokur S N, de Lustrac A. Phase-varying metamaterial for compact steerable directive antennas[J]. Electron. Lett., 2007,43(9):493-494.

[45] Ghasemi A, Burokur S N, Dhouibi A, et al. High beam steering in Fabry-Pérot leaky-wave antennas,[J]. IEEE Antennas Wireless Propag. Lett., 2013,12:261-264.

[46] Chiu L, Hong W, Kuai Z. Substrate integrated waveguide slot array antenna with enhanced scanning range for automotive application[C]. Microwave Conference, 2009. APMC 2009. Asia Pacific, 2009:1-4.

[47] Yan L, Hong W, Wu K, et al. Investigations on the propagation characteristics of SIW [J]. Inst. Elect. Eng.-Microw., Antennas, Propag., 2005,152(1):35-42.

[48] Hao Z C. Investigations on the substrate integrated waveguide technology[D]. Nanjing, China: Southeast University, 2005.

[49] Cao W Q, Zhang B N, Liu A J, et al. Novel phase-shifting characteristic of CRLH TL and its application in the design of dual-band dual-mode dual-polarization antenna[J]. Progress Electromagn. Res., 2012,131:375-390.

[50] Mao S G, Wu M S, Chueh Y Z, et al. Modeling of symmetric composite right/left-handed coplanar waveguides with applications to compact bandpass filters[J]. IEEE Trans. Microw. Theory Tech., 2005,53(11):3460-3466.

[51] Deslandes D, Wu K. Integrated microstrip and rectangular waveguide in planar form[J]. IEEE Microw. Wireless Compon. Lett., 2001,11(2):68-70.

[52] Xu F, Zhang Y L, Hong W, et al. Finite difference frequency domain algorithm for modeling guided-wave properties of substrate integrated waveguide[J]. IEEE Trans Microw. Theory Tech., 2003,51(11):2221-2227.

第 8 章
总结与展望

8.1 本书的主要工作

本书在对新型人工电磁结构的理论研究和特性分析的基础上,首先研究并设计了基于人工电磁结构的多频多模多极化天线,实现了多款具有多功能电磁特性的天线模型。采用优化馈电激励、引入可重构概念和加载非线性传输线等方法改善了新型人工电磁结构天线的带宽性能。分别研究设计了多款基于新型人工电磁结构的共面宽带高增益天线和共面低剖面宽波束天线。最后基于人工电磁结构的后向波和相位调整特性,分别设计了天线扫描范围和增益平坦度增强型的波束扫描天线阵列和增益提高型的波束扫描天线阵列。

以下对各个部分分别做出总结:

(1) 介绍了提取人工电磁结构电磁参数的 S 参数提取法,然后在此基础上详细分析了 3 种谐振型人工电磁结构的电磁特性,包括开口谐振环(SRR)、互补开口谐振环(CSRR)和"工"字型谐振结构的磁负、电负和各向异性特性。结果表明,单方形 SRR、CSRR 结构和"工"字型谐振结构均具有各向异性的电磁特性,在具有不同传播方向和不同极化特性的入射电磁波激励下,SRR 和 CSRR 可以等效成磁谐振单元,也可以等效成电谐振单元,但是"工"字型结构只具有纯电响应。CSRR 结构与 SRR 具有完全的对偶性。在离开 SRR 和 CSRR 结构谐振点的区域,SRR 和 CSRR 的电磁特性较为稳定,且频带较宽,损耗较小,也利于控制。"工"字型结构是一种弱谐振结构,在非谐振频段的参数值变化非常缓慢,从而可以实现很宽的工作频段。最后,引入传输线的等效媒质理论研究分析了非谐振型人工电磁结构的电磁特性。根据电磁场波动方程与电报方程的等价性,在获得理想右手传输线的等效媒质参数的基础上,根据对偶性分析得到理想左手传输线的等效媒质参数,进而得到了 CRLH TL 的电路模型和等效媒质参数,重点分析了 CRLH TL 在平衡状态和非平衡状态下的传输和色散电磁特性。

(2) 通过引入 CRLH TL 模型分析了人工电磁结构微带天线的电磁特性,从天线的色散特性曲线和近似等效电路发现了人工电磁结构天线天然具有多频多模电磁特性的结论。在此基础上,首先设计了方形贴片的多频多模人工电磁结构天线以验证分析。天线具有 $n=-1,0,+1$ 三个模式,分别具有贴片模式、振子模式和贴片模式的远场方向图。采用对辐射贴片切角、加弯折臂以及开斜槽的传统微带微扰方法,分别设计实现了基于人工电磁结构的振子模式线极化贴片模式线极化、振子模式线极化贴片模式圆极化、振子模式圆极化贴片模式线极化和振子模式圆极化贴片模式圆极化 4 类多频多模多极化天线。最后对圆形微带贴片天线加载人工电磁结构实现多频多模特性进行理论分析和天线设计。相比于传统的具备单一的多频、多模或多极化功能的天线,基于人工电磁结构的同轴单馈多频多模多极化天线理论体系完善,设计方法简单,且具有低剖面、方向图可选择性和极化多样性等特点,在现代通信系统中具有广泛的应用前景。

(3) 结合带宽的谐振腔理论,采用优化馈电激励的方案设计了一组基于共面波导馈电的宽带紧凑型零阶谐振人工电磁结构天线。研制了 3 款天线验证了结论。然后采用可重构的方法来展宽人工电磁结构天线的带宽。通过采用对馈电部分进行控制的方法,设计了一款新颖的具有方向图可选择性和极化多样性的人工电磁结构天线,在展宽天线两个工作状态模式带宽的同时,实现了频率、方向图和极化同时可重构的奇特性能。最后在此基础上,分析了 CRLH TL 结构的双频点条件下的相移特性,并且基于可重构天线概念,设计了传输线在双频点上相移特性分别为(90°,0°)和(180°,0°)的两个传输线结构,对馈电部分进行了改进,研制了一款单馈宽带双频双模双极化天线。此类人工电磁结构天线具有低剖面、宽带化、方向图可选择性和极化多样性等特性,在低轨道通信系统中的车载卫星终端天线以及其他无线通信系统中具有潜在的应用价值。

(4) 从各向异性理论模型出发,推导了在天线设计中加载人工电磁结构保证阻抗匹配特性、提高天线增益的极化条件。然后在前文对人工电磁谐振结构特性的分析基础上,研究了两种具体人工电磁结构高增益天线的实例。实验结果表明加载 SRR 和"工"字型谐振结构实现了宽带领结形偶极子渐变周期排列天线增益的增强。在 5.1 GHz~8.2 GHz 的频段范围内增益增加了约 1.3~4.2 dB。分析了天线阻抗匹配、远场辐射、增益效率等电磁特性与人工电磁结构单元参数、加载方式之间的关系。最后总结了人工电磁结构高增益天线的设计原则,为此类天线的推广奠定了基础。

(5) 首先分析了在尺寸波长可比拟条件下谐振型人工电磁结构的电磁特性。然后基于谐振结构的理论分析,分别采用 CSRR 结构和"工"字型人工谐振结构单元加载来控制微带天线 H 面的波束指向,结果表明通过控制双加载 CSRR 结构的参数,天线可以实现 $-51°\sim+48°$ 角度的扫描范围;而通过控制双加载"工"字型结构的参数,天线可以实现 $-33°\sim+36°$ 角度的扫描范围,验证了共面加载人工电磁结构控制平面天线波束的可行性。在此基础上,本书提出了一种加载微带谐振结构控制圆极化微带天线波瓣宽度的方法。8 条微带弯折线对称地围绕在辐射贴片周围以控制天线方向图。使用一个由 3 个威尔金森功分器组成的一分四网络用于天线馈电，以提高天线圆极化的性能。加工天线实物验证了理论分析。测试结果表明天线 3 dB 波束宽度（包括 E 面和 H 面）大于 150°，并且该波束范围的天线轴比小于 4 dB 且具有低剖面特性（高度仅为 0.02λ）。该方法理论上可以设计出任意低剖面的圆极化宽波束天线，在卫星通信、导航定位、测距遥控和移动通信等系统中具有广泛的应用前景。

（6）对人工电磁结构频扫天线进行了深入研究。首先采用新颖的具有非线性移相特性的 CRLH TL 结构来增强开槽阵列天线的扫描范围。采用修正的 SIW CRLH TL 用作天线传输单元而不是辐射单元，相位斜率达到了 90.2°/GHz，从而大大增强了天线波束扫描范围。与传统的 SIW 开槽阵列天线相比，在不增加天线尺寸的前提下天线波束扫描能力提高了两倍且增益平坦性很好。然后以 SIW 频率扫描阵列天线作为波束扫描天线的馈源。通过加载相位调整栅格覆盖层提高了一维波束扫描阵列天线的增益。设计了两款栅格覆盖层在保证不破坏天线波束扫描特性的前提下提高了天线增益，通过分析栅格单元的特征模型来理解天线工作原理，研究了栅格覆盖层参数对两款天线的波束扫描偏角和增益的影响，给出了天线设计准则。几款天线设计简单、制作成本低，均满足了频率调制连续波车载防撞雷达系统的指标要求，且在卫星通信系统等场合具有潜在的应用价值。

8.2　后续工作和展望

虽然本书取得了一些实用的成果，但是由于作者水平和时间的限制，本书仍然有许多不足之处，很多工作需要进一步的完善。在前面的工作基础上，通过总结，作者认为在以下几个方面可以做进一步研究：

（1）新型人工电磁结构在实际应用中采用有限个单元结构组合而成，而目前的理论研究是基于无限周期结构进行分析的，如何改进理论分析方法使得其结果与实际模型更加吻合，是值得进一步深入研究的。

（2）新型人工电磁结构多频多模多极化天线的带宽和小型化是一个矛盾且具有挑战的课题。如何使天线既满足小型化又能保证各个模式的带宽尽量宽是下一步的设计工作。

（3）传统的漏波天线能够实现一维频扫功能，不同的工作频率辐射方向图偏角不同，这是由其线性的移相特性决定的。但是在很多实际应用场合，我们希望在不同的工作频点（或频段）获得相同的辐射偏角。人工电磁结构的非线性传输特性和折射率的任意可控性为实现此功能天线提供了可能。定偏角波束扫描天

（4）基于新型人工电磁结构的频扫漏波天线具有很好的应用前景，下一步将考虑实现圆极化功能，并拓展其实用性。

（5）新型人工电磁结构在阵列天线中的应用才刚刚开始，利用谐振型和非谐振型结构的各自优势可以在降低天线阵列单元耦合、提高隔离度、实现阵列小型化以及提高阵列效率方面做更深入的研究。

（6）基于微带工艺的新型人工电磁结构天线的应用频段范围越来越受限制。后面我们可以进一步结合 LTCC 技术、微机电系统（MEMS，Micro Electro Mechanical Systems）工艺等，将新型天线的工作频段往毫米波甚至太赫兹波等更高频段拓展。

致　谢

本书的主体内容是作者在解放军陆军工程大学(原解放军理工大学)攻读研究生期间研究新型人工电磁结构在天线领域的理论与应用这一课题时得到的一些心得。笔者从本科进入解放军理工大学到保送直读研究生，再到硕博连读，在解放军理工大学度过了九年学生光阴。毕业后，作者留校工作。在工作的五年时间里，作者指导和协助指导了十余名硕士和博士研究生，很多学生获得了校优、省优、军优和专业协会优秀博士或硕士学位论文。这些研究生的研究课题有一些是在作者博士学位论文的基础上进一步深入展开的，他们觉得受益匪浅。受此启发，作者萌生了基于自己博士学位论文的内容撰写一部学术专著的想法，希望有更多的天线理论与设计爱好者能够通过此书得到些许的收获。

历经多年的学生和教师生涯，作者深感学术研究的不易，需要感谢的人很多。

首先需要感谢的是我的导师——张邦宁教授。导师给予了学生悉心指导和无私关怀。从课题选取到实验细节分析，再到内容撰写，导师都给予了全程指导。成书过程中所取得的每一点成绩和进步都是与教授的教导和关心分不开的。无论在学术研究还是在为人处世上，导师以身作则、一丝不苟、严于律己、宽以待人的高尚品德一直激励着学生刻苦钻研、不断进步，让学生终身受益。而今笔者成为一名教师，导师仍然时时给予鼓励和帮助，给了笔者继续探索科学奥秘的动力。

感谢新加坡国立大学的陈志宁教授。陈教授知识渊博，治学严谨，令我印象深刻，终身难忘。陈教授给予了课题研究悉心的指导，为我提供了开启学术之门的钥匙，在此向他致以深深的谢意。

特别感谢东南大学信息科学与工程学院院长洪伟教授。课题后期的研究工作是在东南大学毫米波国家重点实验室完成的。感谢洪教授的无私指导，他精益求精的科研态度和谦和正直的人格魅力为我树立了人生的楷模，让我受益颇深。他的学术大师风范让人钦佩，如沐春风。感谢重点实验室的老师和同学们的关照和帮助。

感谢陆军工程大学通信工程学院刘爱军教授、钱祖平教授、卢春兰教授、郭道省教授、蒲涛教授、余同彬副教授、李平辉副教授、丁卫平副教授、邵尉副教授、朱卫刚副教授、钟兴建博士等各位专家的慷慨赐教，他们的学术视野大大促进了作者的科研学术工作。特别感谢实验室晋军副教授和王培章副教授在实验测量方面给予的无私帮助。实验室的师兄、同学和师弟们的热心帮助和自由交流,也成为笔者灵感的源泉。

特别感谢父母、妻子、兄长对笔者多年来的求学和工作所给予的理解、鼓励和支持。在漫长的科研学术生涯中,家人的关怀是精神上的依靠,他们多年来的无私奉献是笔者前进的不懈动力。

感谢东南大学出版社姜晓乐老师克服一切困难完成书稿的编辑和出版工作。

感谢国家自然科学基金项目(编号:61871399、61401506)的资助。

最后,借书稿出版之际,向所有关心和帮助过我的师长和亲友们致以我最诚挚的谢意!

曹文权

二〇一九年一月二十四日于解放军陆军工程大学通信工程学院